视觉的延伸
——动态影像的创作方式与语言研究

郭枫楠 著

吉林大学出版社

图书在版编目（CIP）数据

视觉的延伸：动态影像的创作方式与语言研究/郭枫楠著. —长春：吉林大学出版社，2018.8
ISBN 978-7-5692-3340-7

Ⅰ.①视… Ⅱ.①郭… Ⅲ.①图像处理－研究 Ⅳ.① TP391.413

中国版本图书馆 CIP 数据核字（2018）第 223503 号

书　　名：视觉的延伸——动态影像的创作方式与语言研究
SHIJUE DE YANSHEN——DONGTAI YINGXIANG DE CHUANGZUO FANGSHI YU YUYAN YANJIU

作　　者：郭枫楠　著
策划编辑：邵宇彤
责任编辑：邵宇彤
责任校对：韩　松
装帧设计：优盛文化
出版发行：吉林大学出版社
社　　址：长春市人民大街 4059 号
邮政编码：130021
发行电话：0431-89580028/29/21
网　　址：http://www.jlup.com.cn
电子邮箱：jdcbs@jlu.edu.cn
印　　刷：定州启航印刷有限公司
开　　本：710mm×1000mm　1/16
印　　张：11.25
字　　数：200 千字
版　　次：2019 年 1 月第 1 版
印　　次：2019 年 1 月第 1 次
书　　号：ISBN 978-7-5692-3340-7
定　　价：42.00 元

版权所有　　翻印必究

前　言

随着大众文化向视像文化的迅猛发展，生活在高度发达的物质社会中的当代人，沉溺于图像化的世界之中，以图像为中心的感性主义形态成为当代日常生活不可或缺的资源和无法规避的符号。受众不只阅读文字，更多的是在浏览网络中应接不暇的图片、影像，观看电视、电影，注视着这个瞬息万变的图像世界。我们不得不承认，网络视觉文化传播时代已经到来。现代文化正在脱离以语言为中心的理性主义形态，在现代传播科技的作用下，特别是在数码技术、多媒体技术、网络技术三者合力作用下，日益转向以视觉为中心，特别是影像为中心的感性主义形态。视觉文化传播时代的来临，不但标志着文化形态的转换，也标志着一种新传播理念的形成，更意味着人类思维范式的转换。在这一时代背景下，对影像工作者而言，面对的既是机遇，更是挑战。

影像制作即将迈入全面数字化的崭新时代，摄影的技术及处理方式也将改弦更张。然而，在这种从设备到记录材料的巨大变革中，唯一不变的就是影像仍是一种视听信息，人仍然是接收信息和诠释信息的真正主角。因此，从人的视觉心理对影像进行分析和阐释，显得尤为重要。

数字影像设计是当今可以得到最高附加价值的一个领域。产业时代的影像领域可以分为动漫领域和电影领域，如果把这两部分合并在一起，能够区分它们的是电子影像领域新兴的动态影像。动态影像虽然兴起时间晚，但是影响范围很广，它以更加直接的方式表现事物的实体、感情和感觉；即使是很难用语言描述的想象力方面（抽象的）的内容，也可以很好地表达出来。

社会性的需求增加，动态影像也可以灵活运用到广告、网页设计、电影、数字交互等领域。并且，伴随动态影像在各种体裁上的活用度的增加，在影像设计领域，独立性题材成长的同时，视觉上对事物的区分认知，听觉上对事物的感性理解及身体接触事物而产生的感知，这几个方面协调一致就会出现新的局面。对于动态影像时代性的变化和要求，我们可以理解为新的技术变化所带来的结果衍生了新的动漫形式。动态影像上的媒体的融合就是所谓的各个媒体不仅要相互和谐而且要衍生出新的媒体，期待有综合效应的同时，在信息的传达上还要勾起人们感官的反应，从而可以让人们充分理解其象征性意义。

视觉学科是一门交叉学科，即应用认知心理学的原理来分析人接受和处理视觉信息过程的学科。以往常见的摄影构图分析，大多停留在摄影用光、角度选择、拍摄技巧等纯技术的分析上，所做的判定也是经验式的和随机性的，缺乏应有的理论严谨和学理规范。视觉心理学理论的运用，可以指导影像创作者从观众视觉接受和知觉形成的角度出发，改善影像造型，让画面更加符合观众的接受心理。

目前，基于视觉与动态影像的理论分析在动态影像研究领域涉及得很少，了解视觉学的基本原理，懂得人们诠释视觉信息的生理和心理机制，并用来为影像创作服务，是摆在每个影像工作者面前的课题。将视觉的感知原理运用于动态影像创作，在掌握视觉心理学基本规律的基础上，在实践中运用这些规律，了解如何使画面变得有趣、如何让观众对影像产生感动的反应，这是一个崭新而重要的方法，具有广泛的可操作性和重要的现实意义。

目　录

第一章　动态影像的概念和历史 / 001

    第一节　动态影像的概念 / 001

    第二节　动态影像的历史概述 / 004

第二章　动态影像的要素 / 007

    第一节　时间 / 007

    第二节　空间 / 009

    第三节　影像要素 / 017

    第四节　移动 / 045

    第五节　声音 / 051

第三章　动态影像的应用 / 061

    第一节　电影中的动态影像 / 061

    第二节　电视中的动态影像 / 066

    第三节　网站中的动态影像 / 083

    第四节　公共空间中的动态影像 / 091

    第五节　交互界面中的动态影像 / 099

    第六节　舞台美术中的动态影像 / 109

    第七节　实验影像中的动态影像 / 116

第四章　动态影像的设计理念 / 122

    第一节　剧本 / 122

    第二节　设计图形 / 129

    第三节　故事板 / 132

    第四节　拍摄脚本 / 135

第五章　动态影像的语言研究　/ 138

　　第一节　动态影像与视知觉　/ 138
　　第二节　动态影像与公共艺术　/ 140
　　第三节　当代艺术语境中的动态影像　/ 141
　　第四节　从跨领域视野谈动态影像　/ 143

第六章　动态影像的发展趋势　/ 147

　　第一节　实验电影　/ 147
　　第二节　录像艺术　/ 150
　　第三节　艺术与科技融合背景下的动态影像　/ 152

第七章　动态影像的教育　/ 155

　　第一节　关于教育影像的研究　/ 156
　　第二节　视觉文化与美术教育　/ 162
　　第三节　视觉文化的转型对美术教育的挑战　/ 165

参考文献　/ 171

第一章 动态影像的概念和历史

第一节 动态影像的概念

一、动态影像设计的概念与发展

说到动态影像设计,应该先了解它的概念与发展。它是人眼看到的、非静态的各种产物的组合,是计算机科学网络技术与人们视觉效果上的共同产物。当今时代,各种社交媒体各种平台都离不开动态影像,而各种网络媒体及网络平台也让动态影像越来越好,呈一种上升的趋势。

动态影像设计是一个笼统的说法,它是数字媒体艺术设计之一。现在,各种社交媒体网络平台都是动态的存在,所以,动态影像设计又被称为新时代的设计。它可以利用一部影片中的典型素材,创新科技,勾画出一个动态的影像。这是根据维基百科定义的。动态影像设计中利用的元素有很多种:动态、静态的画面,声音元素在多媒体上的利用,两者结合构成一个动态影像。随着时间的改变,动态影像更加明显。动态影像的每一个画面,包括颜色、文字、动态效果,都遵循一个原则,即平面设计原则。这些单一的微小元素是远远不够的,还要叠加上一个更重要的元素,那就是时间。在动态画面的播放过程中,电影、电视剧、动画片会随着时间呈现出不同的画面。每个动态画面的停留时间的长短,是创作者非常关心的。它和平面设计一样,都给人传递一种信息,而它的表达效果更加强烈。比如,宣传广告重要细节的画面时间的停留,电影宣传视频、电视剧节目的包装,都是声音与各类元素结合在一起组成动态影像的,它是平面设计与数字媒体叠加的产物。国内动态影像的专题学术研究比较少。尹定邦和广州美院所编著的动画构成是很早的理论研究成果。所以,这是一个比较新兴的元素。

早在 1950 年左右,索尔·巴斯就把静态的影像转化为了动态的影像。今天,我们看到的许多画面都是动态影像,它被应用于方方面面,除了电视剧中的故事情节和结尾的动态变化，还有许多其他的方面。比如，KTV 的屏幕，街头广告，动画片游戏等，动态影像已经成为人们日常生活中不可缺少的重要成分。动态影像只是一种笼统的概念；从严格意义上讲，它属于平面设计的一部分。当今世界，随着网络各种新媒体平台的不断发展，再加上移动网络终端的不断完善，动态图像越来越丰富，它无疑将给人们带来全新的视觉效果。

动态图像给人的视觉效果与静态的有很多不一样的地方，认真地分析动态图像的特点，依一定的规律去研究动态影像的更多用途，对以后动态影像的发展有更大的进步意义。

二、动态图像的视觉表现特征

（一）冲击力

从动态图像的名称可以看出，"动"可以生动形象地表现出动态图像的主要特征。动态图像相较于静态图像，能带给人们更好的视觉效果，更能吸引人们的目光。动态图像不限于屏幕，它可以打破二维空间，带给人们视觉效果上更加好的体验。动态图像中各种元素叠加，能勾勒出美好的画面，有哪些元素呢？比如，时间上的停顿、画面的出现顺序、声音效果的结合等，可以更积极地调动起观者的感官来。如果把静态图像经过色彩的对比变换，一样可以使观者产生震撼及强烈的视觉效果。

（二）延续性

静态图像中的图像一旦动起来，就证明了它在时域内变化着，从而在时间这个因素上得到了延续，这种变化让动态画面中的其他元素发生微妙的变化，使动态画面更具感染力、生命力。正是这个原因，人们接受的视觉效果可能按照空间的位移与时间来产生各种不同的速度，从而让动态画面演绎得更加精彩，使动态图像中的各个元素都可以按照不同的速度出现在人们的视野中。除了动态画面中的各种元素是可以运动的。观众眼中的视觉范围也是可以变化的，也就是俗称的镜头视角，它在动态图像中属于可以变化的部分。就算是单一单调的静态画面，通过改变镜头视角也可以表现得淋漓尽致，更加精彩动人。

动态图像的延续性是非常重要的，它的另一个作用就是可以从一个空间切换到另一个空间；我们把这种转换空间的方法称为转场。毫无疑问，转场可以把舞台的范围扩大。空间的转换体现在不同画面的切换，一幅一幅画面持续播放着，这些都用到了一个非常重要的特性，那就是画面在时间上的延续性。如果没有这个特性，转换空间、转换画面、扩大舞台范围都无法实现。

（三）说明性

不管是动态图像还是静态图像，都需要从眼睛接收到的图像中获取准确的信息。那么，我们如何从动态图像中获取有效信息呢？想要获取有效信息，引导性是必不可少的。首先，我们应该明白动态图像在演示过程中比静态图像更有助于获取有效信息。比如，当你组装一部机器的时候，如果只靠静态的图纸来分析，获取的信息可能就比较单一；如果将这些图从静态变换为动态并加上动态图的演示，由于动态图像的讲解过程更加详细，可以从不同角度体现出有效的信息，因此我们获得的信息就更多、更有效。动态图像主次分明，信息筛选简明扼要，可以让人们更容易地接受，让人们在获取有效信息的过程中用时更短且更加直接，大大提高了人们接受事物的效率。

（四）适应性和兼容性

动态录像设计具有非常强的适应性，既适合屏幕上出现的任何作品，如《变形金刚》这样的大制作电影；也适合手机屏幕上的画面，还有电脑上被植入的一些广告。人们能看到不同的视觉效果，是因为不同领域的需求不一样。兼容性是动态图像的适应性的体现，一维空间、二维空间、三维空间、方向矢量、虚实景物、传统文化、定格拍摄、手工制作等静态景物元素，都可以被动态影像的表达方式、设计所兼容，最终映入人们眼帘的是一幅清晰的动态图像。

三、动态图像设计的实现策略

（一）动静优势结合

视觉传达设计表现是需要媒介的，一旦媒介变化，视觉传达设计就会发生变化，因为视觉传达设计和媒介协同发展，二者有紧密的联系。当今社会，新媒体能够更好地服务于各种媒介，新媒体出现后，旧的媒体并不会消失，而是根据当下新奇的媒体慢慢去适应、演变和发展。动态图像设计归根结底是早期的静态图像的一步一步演变而来的。我们要结合静态图像和动态图像各自的优势，更好地去发展动态图像设计。只有二者兼容性地协同发展，才能使它们相依相融地共存下去。

当前，传统静态视觉传达传送的图像在人们的眼中是那么的熟悉，人们对静态图像技术的研究已经成熟，平面组成、色彩构成、空间结构等理论体系比较完善。动态图像离不开文字、色彩和图形这三大元素，所以我们应将静态图像分析的研究成果继承下去并发扬光大，应用于实践中，这对动态图像的研究是非常宝贵的财富。在当前的新媒体大环境下，动态图像的优势更加明显，更能体现视觉传达的特点。

（二）创意优先

动态图像设计是一种全新的视觉效果表达形式。凭借比较简单的元素，只能制造出单一的画面，传达的内容也比较空洞，只能短时间地吸引观者目光，无法长时间地吸引观者。所以，动态影像设计比较重要的一个环节是创意。我们应该不断地创新，应该尽可能地想象，创新设计，努力地制造出观者喜爱的动态图像。

（二）尊重各种需求

解决实际问题，满足人们的需求，是设计的本质，所以在完成各类动态图像设计的时候我们必须区别对待不同的需求。设计动态图像时，首先应该把指定的、有效的信息传到人们的眼中。即使再美丽的宣传画面，如果不能够得到观者对某种宣传产品的认知和赞同，也不能称其为好的画面。不同的计算机硬件是不同的，应根据不同硬件设计每一件动态图像作品，因为设计者只有在计算机硬件系统的支持下才能够完成对动态系统图像的设计。比如，手机 CPU 中的运算速度和台式电脑的运算速度不同，显示屏幕的分辨率也不同，在进行动态图像设计的时候要一一对应；不仅要求计算机软硬件系统在数据方面达到标准要求，而且更要求在整体格局画面上符合动态图像各种元素的特点，体现出不同媒介的特色。另外，人们对于动态画面的要求是不同的，如在大街的大屏幕上看到的广告与在电脑上看到的广告，画面变化速度是不同的。所以设计者应该在动态画面的设计中注意各种元素及不同需求，要尽量尊重并满足各种需求。

第二节　动态影像的历史概述

一、动态影像的形成和变化

动态影像设计也称为运动图形设计。其实，这种设计在中国早就出现过，如走马灯。走马灯是一种玩具，出现在中国的传统节日的活动中。走马灯是通过气流带动轴的旋转，从而使轴上的图形旋转，于是让我们看到了图画在运动。我国历史上有许多有关走马灯的记载，南宋周密的《武林旧事·卷二·灯品》

就有记载:"若沙戏影灯,马骑人物,旋转如飞"。还有南宋范成大的《上元纪吴中节物俳谐体三十二韵》:"映光鱼隐见,转影骑纵横。"这些记录都说明了走马灯上的图形看起来就是运动的。和走马灯相似的东西还有很多,如流转盘,快翻书等,它们都是以旋转方式让物体动起来,使人在视觉上产生一种错觉。这些便是动态影像设计的前身。

随着科学技术的发展,动态影像出现在网络平台、商业包装、影片广告、趣味动画等多个领域。动态影像在数字媒体影响下,运用动画影像、影视素材、机位、动画等多方面的技术更加有效地传达信息,是一种强有力的表达方式。

二、动态影像设计的特征

(一)广泛性

动态影像设计所需要的媒介主要有电视和数字媒介,其中电视在 1980 年到 1990 年这个时间段是影响最大的动态媒介。因为在这期间,电视作为最广泛的传播媒介,可以将信息传播到世界各个地方。网络作为数字媒介中的一部分,可以在不同的时间、不同的地点将信息传输到人们的视觉中,而且能将信息更加广泛快速地传播到世界各处。所以电视和数字媒介作为动态影像设计的传播载体,具有很大的优势,那就是这两者具有广泛性。

动态影像设计具有的广泛性,不单单指是传播的广泛性及受众的广泛性,还有设计时的广泛性,即不限主题。人们常看到的电视剧、动画、电影、广告等都可以体现它的实际应用。

(二)交融性

交融性往往表现为多种学科艺术的结合。

动态影像设计作品涵盖许多方面因素,如时间、摄影、布局设计等,而且作品都要有一定的美感的,而美感就是各个学科相互结合、相互作用的结果。把不同的学科因素结合起来,形式的美感刺激人的视觉,这种视觉效果要比单一学科因素的美感要丰富得多。

三、新媒体的出现

动态影像设计是一种全新的艺术。动态影像设计与其他的艺术形式,还有数字媒体的形成,有着非常大的区别。

数字媒体艺术可以说是一种新兴的艺术,它与动态影像设计有很大的关系,那就是数字媒体艺术包含动态影像设计。数字媒体艺术与其他艺术有很大的区别，但是也有紧密的联系。这是因为动态影像不能被单独看作由数字媒体构成的，它表现出来的不只是数字媒体所能表现的，它的应用领域非常广，尽管如此，动态影像也只能作为数字媒体中的一小部分。因为动态影像具有数字媒体的几个特点，所以这两者有很大的联系。同时，动态影像的设计起源要比数字媒体早，所以动态影像设计没有办法完全像数字媒体那样，也无法继承它的全部特征。这就是数字媒体和动态影像设计的区别。

动态影像设计和数字媒体艺术最大的不同就是动态影像设计没有互动性。数字媒体艺术之所以能和其他被人们喜欢的艺术区分开来，是因为数字媒体艺术本身具有的互动性。这是因为动态影像早于数字媒体的诞生，其表现形式已经没有办法更改。另外，动态影像在数字媒体艺术中的位置也决定了它无法产生互动性。动态影像设计本身就是数字媒体与观众互动后图案发生变化的结果，是一种互动的表现。所以，动态影像本身并没有交互性。

综上所述，动态影像设计的目的是传达信息，它依靠的载体是数字媒体，它是各种综合的艺术结合在一起表现出来的结果。关键就是数字媒体的交互性，运用静止的图片，然后让它动起来，接着搭配音乐、影视，最终传入人的目光中，从而传达更加有效的信息。随着时代的发展，动态影像设计将是一种全新的视觉传达方式。

第二章 动态影像的要素

第一节 时间

一、时间的概念

对传统的纸媒介设计来说，时间是非常模糊的一个概念，是无法用概念去定义的一种状态。在设计作品的时候，设计者对时间的定义一般是固定的，而且无法改变的；这是因为时间轴线的标示没有确定的方法。面对一个设计完成的作品，观众往往会说这个作品的设计风格像某些年代的，而不说这个作品是某个年代到某个年代的。由此可见，时间的概念在静态设计中只是以点的形式存在的，而不是一个变化的状态。所以，在传统的纸媒介，没有办法标出四维空间、时间的具体点，在某些作品中表现时间的手段非常匮乏。换句话说，对传统的纸媒业设计来说，时间在它的设计中不是真实的存在，是观者根据自己视觉效果的反应来反馈的信息。与此同时，时间也是静止的，不清晰的。人们在拍摄、绘画的时候，会把一个非常经典的瞬间化为永恒。从"一个瞬间"可以看出人们把这个画面看成了一点。对设计师来说，某一个精彩的画面可能源自某个时期，而不是从哪个时期到哪个时期的变化。

综上所述，时间的概念往往是静止的、模糊的。在纸质媒介设计中，创作者只能用时间的概念去表现一种大的环境，一种存在状态，没有办法把时间作为一种手法，表现出具体的时间，或者用时间来推动节奏。数字媒体要比纸质媒介表现得更加活跃，而且本身具有流动性。另外，数字媒体有更多的特性，如精确性、流动性等。数字媒体中，时间不再是模糊不清的，它不是以点的形式存在，而是以线的形式存在，它具有可控制的特点，所以，时间是动态影像设计中非常重要的元素。

二、时间元素对点线面传统定义的改变

传统的点、线、面的定义是以纸媒介作为基础来建立的，由于数字媒介的出现，加入了许多新的元素，时间作为变量被加入了进来，所以原来的定义便发生了改变。

点、线、面、体之间的关系是比较复杂的，不能仅用"点动成线，线动成面，面动成体"来表达它们之间的关系，这是非常不准确的。在纸质媒介中，有一个因素是静止的，那就是时间，所以影像动起来就停留在画面上。但是，动态媒介中，时间因素是非静止的，画面中各种微小的元素都可以动起来，哪怕是一个点，经过一段时间后，就从一个位置移动到了另一个位置。点的元素动起来，我们是看到的，但在整个动的过程中，并没有点动成线，这是因为有了时间的因素，点的移动轨迹移动到了时间轴线上，所以并没有线的出现。

有的时候哪怕是线已经出现了，而且我们也能感觉到它出现了，但是，镜头上表现出来的只是一点。所以，通过这个例子我们可以得到一个结论，即纸媒介中没有时间因素的存在，所以那样确定点、线、面、体的关系是不准确的，只有将时间因素加入其中，才能使其表达将更加准确。

三、时间的不同表现形式

在动态影像的设计中，时间因素的表达方式不止一种，而且不同的表达方式所呈现的视觉效果也是不同的。一般而言，镜头语言方式和图形运动方式是两种常用的表达方式。

影视语言在镜头语言表现方式当中有着重要的地位，通过改变镜头和蒙太奇镜头的综合运用，使物体产生欢快、寂寞等情绪。运用同类的视觉元素把空间中的事物联系起来，同时运用错乱的时空顺序来描述事物，在这种情况下，时间可能不是稳定的。

时间的产生因素不是唯一的，如图形运动也可以产生时间。时间和运动是相对的，只有时间因素的存在，运动才可以存在。比如，走马灯外面的图画通过轴高速转动才会产生动态的图画，如果图画没有动起来就没有运动的产生，也就无法将两个不同的图像连起来。运动的发生是需要时间因素存在的，因此，用运动来描述时间是稳定的。

综上所述，时间因素在动态图像中是非常重要的有时间因素的加入，才能使动态图像和平面图像设计有了区别，时间因素扩展了动态影像的表现空间。

第二节 空间

动态影像中的空间是虚假的，它不客观存在于真实的世界中，而是在视觉效果上对观者造成一种欺骗。这些都得益于艺术在媒介中的表现与真实的空间几乎一模一样。为什么艺术会有这么神奇的效果呢？是因为平面的破碎、透视法的生成、深度和体积感等多种因素相互作用。这些艺术经过平面媒介的作用，让人感觉虚拟的空间好像真实存在一样。改动平面媒介中心重要因素后，人的视觉经验会做出某些改动，画面的空间违背了人的视觉经验，这就会导致许多新兴艺术的产生，如视错觉艺术等，这样人们便会体验到虚拟空间的全新视觉感受，会产生新鲜感、神奇感、趣味感。

一、空间的概念

（一）空间元素

空间是具体存在的，它决定物质存在的形式。空间由长度、宽度、高度决定。当一个物体出现的时候，从它的底面、侧面、正面三个平面可以使人们感觉到物体在占空间。比如，在平面上绘制的立体图形，为什么能在二维平面上看到三维空间呢？这是因为设计者利用人类视觉的某些特点，给人们造成一种错觉——深度（图2-1）。人们经过长期的实践积累总结出了许多描述空间的方法，如利用左右关系表现空间、利用重叠表现空间、利用上下关系去表现空间、用各种线去表现空间，还可以用线性透视法去表现空间。以上这几种方法都是模拟存在的空间，我们把这些实际存在的空间称为"实"空间。如果不用以上的方法，直接去创作，可能会使空间变得错乱不堪，构成空间的三大元素是模糊的，这样的空间与我们实际存在的空间不符合，所以称为"虚"空间。

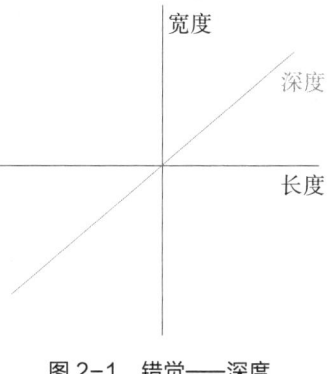

图2-1 错觉——深度

空间的虚实有两种不同划分的方法：第一种是由人们的视觉对现实空间来划分，分为"虚"和"实"两种空间；第二种方法是根据认识论分析划分的，这两种空间用在艺术创作中都是对人们视觉的欺骗，因为我们看到的空间不是真正存在的空间。

(二) 空间在平面媒介与数字媒介中的异同

随着数字媒介的诞生，人们对空间的表现有了新的手法，这些都得益于科学技术的发展。运用电脑等技术和工具，创作者好像在一个虚拟的空间里创造万物。与此同时，时间这个非常重要的元素加了进来，让虚拟的景物更加真实。即使随着时间的流逝，画面会发生变化，观众仍然可以根据整体的布局去分析画面，而不是通过某一片面的、单一的景物去分析整体画面。时间这个因素是非常重要的，当它处于相对静止状态的时候，既可以看实际存在的景物，也可以看虚的景物。也就证明了数字媒介设计具有与平面媒介相同的特点，即空间属性。当时间处于非静止状态时，它就开始起作用了，这时候虚无的空间就可以变成真实的空间。

时间与空间有着密不可分的联系，空间与平面媒体的定义与时间有非常大的关联，如果缺少了这个元素，就会导致空间与平面媒体的定义毫无差别。只有当时间这个因素变化起来，空间的定义与平面媒体才产生差异，因此，动态影像设计中空间的表现形式取决于时间是否动起来。

(三) 空间的转换

研究动态影像，会发现空间与时间存在着密切的联系。数字媒介中的空间定义和平面媒介中的空间定义是不同的，这是因为时间因素的影响。当时间动起来的时候，画面便不再静止，就会形成动态影像，所以动态影像取决于时间是否变化。

一般来讲，空间的转换方法有两种。第一种方法是扩大视觉元素本身空间，如图2-2就是点转化为空间的过程。画面中，无论是哪个视觉元素都有自身所包含的空间，如果自身的空间逐渐变大，大到覆盖原来所拥有的空间，人们看到的元素范围本身的特点形状就会消失。因此，空间的转换过程就是自身原有的元素逐渐变大，空间也会随之变大，直到把自己原有的空间彻底覆盖住。

图 2-2 从点转化为空间的过程

第二种空间转换方法是让所在空间的视觉元素发生改变。某个空间的物体一旦改变原来的运动状态，便会产生转换空间。比如，图 2-3 分镜中的帽子一开始做匀速的直线运动，一段时间过后，帽子从原来的匀速直线运动变成向上不规则的运动，在这个变化的过程中，空间就发生了变化，帽子的运动从地面上变成了空中。帽子本身的形状没有改变，大小也没有改变，而是运动的地方发生了改变，也就是专业术语上说的空间转换。

图 2-3　分镜头

二、二次元领域的力量

"二次元"严格意义上来讲是一种测绘仪器，具有高精度、高科技的特点。它是计算机图像技术和其他技术综合在一起，构成的一种精密仪器，弥补了早期投影仪的不足。"二次元"原来是指二维的空间，现在常用于表示 ACG，即动漫、游戏、动画片等。

"二次元"是一个特殊的语境名词，是在日本出现的。是 ACG 即动画、漫画、游戏的英文简称。在中国，ACG 被引用是在 20 世纪末，具体是 1995 年。台湾一个非常喜爱动漫的人在台湾中山大学网站开设了"ACGReview"版面，之后被简称为三个英文字母。在许多动漫爱好者的宣传下，ACG 便流传下来。后来，一段时间后，流入中国大陆和其他地方。ACG 所用的术语为"次元"，是作品中各种虚拟幻想的物质的集合体。有二次元角色，就有其他的次元。比如，利用三维计算机做出角色，说它是虚拟的，但它有立体感，所以我们把它称作"2.5 次元角色"。

"次元"这个词在日本 ACG 作品中，是许多虚拟事物的集合体，是 21 世纪一种新兴的艺术。日本动画之所以闻名于世界，就是因为有次元的存在。二次元逐渐流行，被很多动漫爱好者所追捧。

日本对于"二次元"的英文简称并不常用 ACG 来表示，是 MAG，M 是漫画英文 Manga 的缩写，A 是动画英文 Anime 的缩写，G 是游戏英文 Game 的缩写。但是在英语的社会中，这个词并不经常被引用。准确地来讲，现在社会所称的"二次元"一般包括动画、游戏、小说、动漫等。它是一种文化，动画艺术仅是其中的一个重要部分。"二次元"已经被许多动画爱好者引入相关的艺术作品中。它是一种不同于现实世界的、虚拟的文化产物。

近些年来，随着我国科学技术和经济的发展，美国、日本等国家影视动画的引进及生产制作水平的提高，影视动画正在以一种势不可挡的趋势渐渐地影响着人们的日常生活。在看动画片的时候，动画影片中的人物形象、剧情发展、故事情节、历史背景、故事结尾、文化内涵等都在影响着青少年的身心健康，甚至可以影响到成年人。人们对动画的喜爱不仅表现在影片之内，还表现在影片之外的方方面面，如与动画相关的物品模型、杂志、服装、人偶等。动画艺术在我们生活中的影响不仅体现在物质上，还体现在文化上，如图书、光盘、唱片、海报等。在日本，还有另一个概念，那就是 ACGN（动画、漫画、游戏、轻小说）次文化，它建立在二次元的基础之上，加入了文字、图画等文字读物。ACGN 同样起源于日本，主要在亚洲地区流传，所以说是日本带动了二次元的发展。"二次元"在日本主要体现了新一代对老一代的客观的批判。21 世纪随着互联网的大力发展，动画文化逐渐风靡全世界，以 ACG 虚拟动画类为代表的文化，迅速在世界范围内传播，并逐渐得到人们的认同和支持。

三、画面的纵深感

当谈到画面的纵深感的时候，人们就会想到绘画构图。在绘画构图中，什么是最重要的呢？是空间感的塑造。影视画面构建和绘画构图是类似的，都要注意到空间感。电影画面的空间感是由画面取景构图、物体之间的各种透视关系和人物视觉效果上的幻觉等相叠加构成的。为了实现电影画面中对于空间的设计，导演必须围绕着一个非常重要的特性来完成，那就是二维屏幕平面和三维投影立面交叉复合的特性；通过镜头的转换、取景地改变、胶片规格大小的选择等来实现。

画面要讲究真实性，而达到这一要求离不开对画面空间的了解程度。画面空间有许多构成要素包括大小、范围、长短、形态、方向、距离和空间关系等概念。

空间方向的确定是根据太阳运动的方向来确定的，即平时所说的四面八方，包括东、西、南、北、东北、东南、西北、西南。平时所说的空间深度是指空间的纵深。我们所处的真实世界是立体的三维空间，实际中的物体是可以运动和静止的；既可以静止在某个具体的位置，也可以向不同的方向去运动，而改变自己原来的位置。这种位置的变化，在远离或者走进人的视点的时候会引起空间距离的改变。我们所说的空间形态，是指物体具体所占空间的长度、宽度、深度；这三个数值确定之后，这个物体所占空间的具体空间就确定下来了。当看到一个具体物体的时候，我们虽然不能具体地观测出它的长度、宽度、高度，但是凭借生活经验，可以对这三维有所感知。空间范围是根据人们的感知来选取的而人的视野是有范围的，人们是根据所能观测到的范围来选取空间范围的。因此，所选取空间的范围必然会有大有小、有宽有窄、有疏有密。空间距离是指拍摄者的视点和被拍摄的物体之间的距离或者和被拍摄者之间的距离。空间位置是怎么定义的呢？任何物体都有具体的形状，物体的三维空间坐标被确定，这个物体大体就被确定下来，三维坐标不变，物体的空间位置也就不会改变，一旦坐标改变了，物体的空间位置也就随之改变，说明物体发生了运动。

物体在空间的存在形态一般有两种：一种是二维空间形态，另一种是三维空间形态。二维空间，通常来讲，就是一个平面，所描述的画面通过长和宽来描述，如电视剧里播放的画面可以看作二维的空间形态，它归属于平面艺术。我们生活的真实世界就是一个三维空间，它与二维空间有什么不同呢？二维空间用宽和长来描述，而三维空间，除了用长和宽外，还有高，也可以把它称为深度。电影呈现出来的画面虽然是二维空间，但是我们看到的是具有立体感的画面，因此电影里面的三维空间是通过二维空间平面来表现的。

在拍摄影片的时候，空间感是非常重要的。那么如何增加画面的空间感呢？最常用的手段就是利用透视来增强画面的空间感。透视一词来源于希腊，它一开始应用于绘画当中。在最初的绘画中，画家只是简单地勾勒画面的轮廓，表现不出具体的空间感、层次感。中世纪的时候，网格应用于绘画当中，画家们观察物体的具体形态，使其网格化，然后按等比例缩小实际景物来创作。这样，在普通的平面上就能呈现出远近高低不同的立体的景物，这被人们称作透视。

透视效果是人的眼睛本来就有的。人们在观察景物的时候，所看到的景物都映入眼帘，眼睛就自然有了透视状态。画家观察景物与普通人是不一样的，他们是通过网状格去观察景物的，呈现透视后再将这些规律运用到绘画创作中。

在我们平时拍照的时候，对景物的大小和范围可以通过控制焦距来实现。但是由透视规律可以得到，人的眼睛在接近景物的时候，可以自动判断出它的大小和远近，也就是说，人的眼睛可以自动调节焦距，用专业术语来讲就是可以自动透视。同理，对电影的拍摄来讲，我们可以用不同角度的镜头去吸引人的目光，也就是更加恰当地运用透视规律。如果我们想要让画面的空间感更加强烈，可以夸大地借用透视规律；如果想要减小空间的纵深感，可以对透视规律进行压缩。

有一种可以表达空间深度感的透视效果，我们称之为线条透视，其具体表现为当你离拍摄物远的时候，拍摄物在镜头中表现为一个小点；当你离拍摄物近时，拍摄的物体呈现的画面就大。

对画面中线条的透视效果造成影响的因素有以下几种：① 在不同的场景中选择不同的线条。摄影师为了使拍摄效果最佳，在拍摄过程中对各种透视线条进行筛选优化。② 选择拍摄视点。摄影师为了达到不同的拍摄效果，采用不同拍摄角度的方法，如采用侧拍、俯拍、正拍等。③ 选择光学镜头焦距。不同的镜头会造成不同的线条透视效果。长焦镜头有压缩画面的作用，而广角镜头可以扩大空间画面，因此广角镜头在增加线条透视效果上表现更佳。④ 运用前景加强线条透视效果。在拍摄过程中只是单纯依靠镜头，线条或拍摄方向的选择会显得单调，如果运用一些线条透视手段就可以增加画面的透视效果，增强画面的立体感。

还有一种在电影中经常可以看到的透视效果叫作焦点透视，它是利用光学显微镜将被拍摄的物体的焦点与其周围的景物呈现出一种虚实结合的影像，具体表现为焦点内的景象清晰，而焦点以外的景物模糊。

为了突出画面的主次关系，焦点透视是经常采用的方法，即通过虚化主体周围的背景，在画面的造型中达到吸引观众关注物象主体的目的。比如，在电影的画面构图中就常用这种透视方式，不仅使画面显得干净、整齐，还能使主题更突出。

焦点透视效果由以下几点决定：① 镜头焦距的长短。在拍摄过程中，为了使拍摄主体更突出，经常使用的方法是将镜头的焦距调得长一些，从而加强画面的空间纵深感，达到焦点透视的效果。② 被拍摄物距离的远近。被拍摄物距离的远近是相对于拍摄过程中焦点的落脚点而言的。拍摄过程中，物象处在焦点落脚点之内，则呈现出近实远虚的透视效果；当物象处在焦点落脚点之外，则会出现近虚远实的效果。③镜头光圈的大小调整。拍摄过程中，常常运用增大镜头的光圈来减小画面的空间纵深感，增加焦点的透视感的方法。在实际拍摄过程中，如果单运用一种方法不能够达到良好的透视效果，经常是三种方法配合使用。

三、场面调度与画面空间感

在各大剧场中，场面调度是指舞台的场面布置；但在电影中，场面调度就不是单纯的舞台布置了，它是导演综合剧场和平面艺术的传统视觉，将拍摄的人或物安排成三维空间，再经过摄影师的处理使画面呈现出二维的空间效果。

1. 场面调度

场面调度最初指的是将道具摆放在舞台的适当位置上，以便不同角色的演员能够充分利用舞台达到良好的表演效果。但在电影表演过程中，场面调度具有不同于传统的内容，其不仅要调整演员的位置，还要调整摄影师镜头的高度。调度方法有很多种，包括摄影机调度、角色调度摄影机和角色一起调度三种方法。其中，在电影创作中经常会用到摄影机与角色统一调度，这种调度方法也成了影视调度的一大特点。

2. 摄影机调度

摄影机的调度具体包括推、摇、拉、移、跟、升和降。从摄影角度看，有平拍、俯拍和仰拍等形式；从镜头的所处位置看，有正拍、反拍、侧拍等形式。通俗来说，就是在拍摄过程中通过将镜头衔接起来，使其表现同个空间，以便达到表现空间全貌、扩展空间的效果。

3. 纵深调度

纵深调度就是摄影师在多层空间下通过摄影机调度和演员调度的双重配合，使演员在画面中呈现出远近交叉的动态感。这种调度方法，通过透视关系变化的多样性可以达到增强电影画面的空间感效果，还可以使画面中的人或物的造型表现力充分表现出来，其调度的范围为画面中人和物的大小、演员的位置、行动路线及事情发生的前后景象。通过调度这些因素，画面表现出立体感和空间感，充分塑造人物形象。

现代计算机技术的发展，有效解决了影像空间带给观众不真实感的问题。数字技术应用到了3D影像制造中，它利用了观众观看电影时的生理想法制造出影像空间感，使电影的效果变得更直接，更逼真。

3D电影利用了人们在日常生活中的观影习惯，借助科学技术使人们在电影荧幕上通过二维空间产生了三维空间的感觉。

3D 电影的制作方法有很多种，包括前期的两台机器拍摄、后期的转换制片以及用电脑制作 3D 动画等。在前期的影视拍摄过程中，根据日常生活中人们观看影像的用眼规律安排两个不同的摄影机，利用两个影像机呈现出不同的影像产生视觉差。在播放电影的过程中，分别在左右两个播放器上放上两条不同的影片，并在放映器前加上装偏振镜，调整振镜的角度为 90°。这样，在播放影片时就能使两个播放器的物象呈现在同一个银幕上面，从而形成视觉差，观众在观看电影时只需要带上特制的偏振镜就可以感受到三维立体空间。偏振镜的制作原理是将两个偏振镜偏转角度为 90 度，在和偏振轴的偏转角度一致，这样就可以形成左眼只能看到左边播放器产生的影像，右眼只能看到右边播放器产生影像的视觉效果。物像都汇聚在视网膜上，再利用大脑的视觉中枢进行调整，形成最终的三维立体效果，而一张张具有三维效果的图片连贯在一起便形成了画面。

3D 电影不同于以往传统的电影，它不是靠观众日常视觉习惯还原出的视觉空间感，而是为观众营造出来一种真实的视觉空间。

在没有彩色元素出现的黑白传统电影中，画面的空间感是由影调的浓淡和基本的空间线条制作出的。线条和影调的使用，是对普通空间的再塑造。线条是空间本身具有的因素，而影调是人为给予的因素。摄影师通过专业的摄影技术营造出一种可以实现空间表现力最大化的影调，以产生超出现实生活空间感的三维立体空间感。

3D 电影的出现，给观众带来了新的视觉空间感，它不再是传统电影中利用观众视觉中枢对画面的调节功能对直观的物象进行转换，而是直接将立体空间感展现在观众面前，让观众的视觉直接可以接收。

在现代电影的制作过程中，数字技术是经常被运用到的。导演在拍摄电影分镜头时就已经有了运用数字技术的意识，这种技术可以打破传统中拍摄技术的局限，使创作者可以充分发挥自己的想象力，将科幻效果真实的表现在观众面前。

在前期的拍摄过程中，除有实地拍摄外，还有蓝幕、模型、搭景以及数字模拟灯光技术的应用。在实际拍摄过程中，演员的拍摄场地是布、有蓝幕的摄影棚，里面没有影片场景，这就要求演员具有丰富的想象力，在拍摄过程中随着事情的发展有相应的感情波动。在现在的拍摄过程中，对灯光和道具的需求与传统的拍摄有所不同。摄影师在拍摄过程中要根据拍摄的情景选择合适的灯光，有些表演道具将会掩藏在蓝幕之中。在表演过程中，演员的表演要与道具紧密地结合在一起。负责道具与置景的工作人员，已经不像以前传统只负责拍摄过程中需要的模拟道具就可以了，而是需要掌握一些计算机技术将表演需要的情景在电脑上制作出来，在整合时将演员从蓝幕中提取出来，结合提前制作出来的画面，完成电影制作，达到预期的表演效果。

第三节　影像要素

一、照片

对传统摄影而言，照片的真实性是毋庸置疑的。对观者来说，照片与拍摄物有着外观上的一致性，这种一致性让他们对拍摄物本身的存在产生信念，拍摄物本身是保证照片真实感的基础。正如戴·沃恩所说："摄影的意义不在于它模仿看物体的经验，而在于它与对象的必然的、非偶然的关系，进一步说，这对象对于照片来说是必然的，这些必然性在一种特定的真实的方式中找到了完满。照片的视觉习惯使得我们确信，不仅所表现的对象没有任意的改动，而且更为根本的是，这个对象必须首先存在。"

（一）存在关系与本体真实

巴赞在《摄影本体论》中第一次从本体论角度深刻地指出了摄影真实的含义："唯有摄影机镜头拍下的客体影像能够满足我们潜意识提出的再现原物的需要，它比几可乱真的仿印更真切，因为它就是这件实物的原型，影像就是被摄物。"其中的"就是"一词指出了对象与照片之间的关系是一种存在的关系，而这种关系的手段是机械手段，由机械手段导致的"就是"，就是照片的真实。如果用皮尔士的符号理论来表述，照片就是指示性符号，照片和对象的存在关系就是指示性关系。这个术语来自一组符号三分法即指示、肖似和象征。这三类符号揭示不同符号和对象之间的关系，其中指示性被皮尔士用来形容摄影的重要特性，他认为指示对象和知识符号的关系可以准确地说明照片与拍摄物之间的关系。皮尔士在其著作中有对这个概念更深层次的解读，著名的符号学家丹尼尔·钱德勒根据皮尔士的理论，对知识符号和指示对象之间的关系的具体概念做了更深层次的解说。皮尔士在其著作中对知识符号与指示对象之间的关系是这样说的："它是这样一个模式，在其中指示物、信号并不是任意的，而是直接地通过某种方式，物理上的或者是因果的，与被指示物联系起来，这个关系能被观察到，或者能被暗示出来。"皮尔士为了更加清楚地解释两者之间的关系，举出了生活中一些常见的例子，如人在生病时身体发出的病症信号；自然界产生的一些自然信号；运用测量工具产生的信号；一些记录生活中点滴的留念等。

这种关系所展现出来的特征，与照片和被拍摄物之间的关系特征，确实存在某种程度上的契合，以至于用指示来解释照片中的真实性成为一种很受欢迎的理论。事实上，被拍摄物与照片之间确实存在皮尔士提出的这个理论中的关系。因此，当代许多理论家如约翰·麦克马伦、玛丽·安妮·多恩等都对这一理论做出了自己的理解。

从皮尔士对指示符号的阐释及当代理论家的演绎来看，指示符号所显示出的照片的本体真实表现在以下几个方面：

首先，在指示性中，符号和对象之间的关系是一种直接的、独特的、单一的对应关系，指示符号指示的物体不是传统意义中名词性的一类事物的泛指，它的针对性很强，单单指的是这一个具体的事物，它具有一般名词不具有的绝对性特点；在特定的情景中，指示符号指的是某个特定的物象。指示代词只是应用于特定的环境中，其作用随指示的环境的转移而改变，它和所指物体具有唯一性、直接性的关系。因此，雅各布森综合分析了指示代词的特点，将其称之为移动装置。

在实际生活中，我们拍摄照片的物体与拍摄的照片之间就存在上文中提到的唯一的对应关系。照片上所呈现出的物像，只可能指向所拍摄的那唯一的物像，如我们去八达岭旅游观光，照了一张八达岭长城的照片，那么照片上的物体只能是八达岭长城而不可能是其他物像。因为照片与照片上的物像具有唯一指向性和绝对性。在这个意义上说，指示性的确能表示出对象的真实性；并且，指示性中的这种绝对一一对应的指示关系，使观看者的注意力集中到指示对象上来。可以说，这种指示性是真实宣言最为有力的证据。

指示符号与对象之间是一种物质关系或者说存在关系。换句话说，指示符号的产生是受符号所指对象作用和影响的。其作用和影响具体表现在逻辑上的因果关系、时间上的先后顺序及空间上的相邻关系。比如，我们去森林中冒险，看到在森林中的一段道路上有脚印，脚印就代表这条路有人走过，走的动作与脚印之间就存在逻辑上的因果关系。再如，司机在路上行驶时看到前方路口有一个写着"前方路滑，小心驾驶"的标语，他就能意识到要小心开车，路滑和这则标语之间就存在着空间的相邻关系。指示符号与对象之间存在的三种关系使它们之间具有比其他符号更深的联系性；这种超强的联系性使指示符号和其所指的对象之间具有深层次的关联和相互依存关系。

被拍摄的物体及物体存在的照片之间的物质关系表现为一种因果关系，拍摄物是因，照片是果，因果联结的中介是光学上形成物像和化学上显示物像的过程。这个过程是物质性的因果关系，也就是说过程是自然形成的，机械制作的，只有这种物质性的关系才能说明拍摄对象是真实存在的。

（二）相似性与认知价值

指示性虽然从本体论上说明了照片的真实性，但它忽视了照片与对象的另一个关系——相似性。在皮尔士的符号学中也存在一种可以代表相似性的符号，它的名字叫肖似。即使有机械产生的证据——拍摄的照片作为物体真实存在的证据，但也不可避免地具有外观上与对象的相似性，但是皮尔士显然并不重视照片中的相似性，他认为："照相，几乎可以真实地表现物体。照片与物体的相似性与物体所处的特定环境有关，也就是说照片的物理性与自然逐点之间存在密切的关系。从这个角度来看，相似性属于符号的第二个等级。"

肖似符号和物体之间不同于其他非指示性符号那样是相互密切相关，而是相互独立的，是通过自身独立于所指物而实现的。

虽然皮尔士把相似性定义为符号的一些性质，但是相似对感知上的真实来说是必不可少的。照片表现的真实性不仅仅是因为其与表现对象之间存在着逻辑关系，还因为照片给观看者在视觉上一种真实感。只有照片与物体的相似性刺激到观看者的心理层面，才能让观者产生真实感。

相似不仅能说明影像和被拍摄物外观上的相似，并且彼此独立，这也是指示符号所不具备的作用，指示符号只能说明其与指示对象之间存在物质上的或存在上的联系，而不能说明符号所指的物体具有存在的价值。有一类指示符号是可见并且有实质内容的，如人的某个部位在受到力的作用时产生的疼痛感，或是人在走路时留下了自己的足迹等，这是对现状或是一种曾经存在过的记录。但是一些特定人员的指示手势或运用一些指示词，并不具备独立存在的可能性，只是拥有特定的指向，如指示词"这个""那个"，其本身并没有内容，其内容需要连接的名词来共同完成。指示词并不具备任何意义，它的意义必须依赖于对象而存在，这样一种附着性，对影像来说是不能成立的。影像中的物体虽然不占据实际空间，但影像本身是可以离开被拍摄的实物而单独存在的，从这一点上来说，指示性并不能保证影像的真实。

因此，指示性自身存在着局限性，也就是说，单独的指示符号不能起到表现物体真实性的作用。从这个角度来看，如果要保证照片的真实感，指示性应该与肖似性结合。

实际上，除了存在关系和相似关系之外，照片的真实性还存在一种认知性的作用。单独的指示符号因为其没有存在在特定的空间中，所以不存在认知作用，只有当我们观看照片时，才能理解其指示符号所指的物体到底为何物。指示符号的意义在于观看者对所指物体与照片相似度和存在感的确认。正如多恩对知识符号的描述，它们只能证明物体的存在而不能表现物体本质，只能表现物体具体的方位而没有对物体本质的认知作用，它们的作用是单纯的指示性和存在性。

因此，照片真实是一种综合性的概念，它既有本体上的存在关系，即照片本身和被摄物之间存在的一种因果的、物质上的关系，又在外观上具备相似性，同时，它还需要具备一定的认知价值。

（三）真实的在场感

真实感是一种在心理和视觉上的感知，肖似就是引起观众真实感的基本条件；它需要观者的心理基础而不是机械性的因果关系作为证明。那么这种感知上的真实究竟是一种什么样的感知类别？

"透明说"的提倡者沃尔顿认为："它（照片真实感）使真实的幻觉成为可能，图画的观看者很少能经历到这样的幻觉，即感觉到被描绘的物体是在场的，是通过肉眼直接观看到的。"[1]其中提到的在场感，就是影像所具有的独特的特点，它不同于普通的画面存在于画框之中，缺少了画面应有的真实感。影像由于不受这些外来因素的限制，充分将画面的真实感展现给观众，普通的图画要受画框的限制，观者一般不会有一种身临其境的在场感。

虽然电影的银幕是二维的空间，也受边框的限制，但观众依然有身临其境之感，这种真实感的错觉就是在场感的体现。

从"透明说"的角度看，观众在场感的产生与其观看方式有关；这种通过透明、机械的媒介使观众去感知对象的方式称为看透，如我们透过照片去观看事物，透过银幕去感知事件，照片和银幕就是透明的。真正意义上的感知是本质上为一种直接的感觉，它不同于普通意义上的认知；因为其与知识的获得没有太多的联系，只是通过一种方式与其感知的事物产生联系，感知主体与被感

---

[1] 李天.从本体真实到照片真实感——论数字影像的真实性[J].文学评论，2014（02）。

知的事物有一种直接的亲密的关系，这种直接关联的中介必须是透明的、机械的，因为人为的媒介反而会破坏这种联系。

在场感的感知结构与世界存在的真实结构之间存在着同构性和可比性的关系，也就是说我们是按照世界本来的面貌来感知世界的。在日常生活中，有的人分不清驴和骡子，因为它们无论在现实生活中还是在照片中，都具有非常相近的形体和长相，而我们阅读介绍它们的文字时，就不会将它们弄混，这就说明文字与实物之间不具有同构性和可比性。但是，我们对事物在照片中的感知与现实中的感知是一致的，照片上的物体的结构和现实中物体的结构有可比性和同构性。因此，我们将观众对照片中事物的感知看作一个真正感知的过程，是一种对照片直接感知的经验。

我们通过文字或其他符号的描述来感知事物，并不是对事物真正的感知，行为与真正的事物之间是有差距的。符号的描述，对人们充分认识这一事物造成干扰，如文字、绘画等都是一种描述性形态，其中渗透着大量的人工因素，感知的主题与其对象之间存在着不透明的、非机械性的媒介。正如前面我们提到的，具有感知性关系的事物，连接它们的媒介必须为机械透明的，如照片、镜子、电视等，任何人为的、不透明的传达中介都会破坏直接关联。

在场感就是这样一种感知，一种与真实世界的直接的紧密的接触，观者能通过照片或者电影直接感受到对象。照相机的发明，为我们提供的不仅仅是一种新的图片类型、制图方式，更带给我们一种新的看物体看世界的方式。

二、数字影像：从真实到真实感

在传统影像中，影像外观和对象是一种存在关系，影像所呈现的对象是真实存在的。但CG影像的呈现对象并非实存，传统影像所包含的那种存在关系被消解，取而代之的是一种想象性关系，即观看者通过对真实感的感受来想象物体的真实存在感，这个时候，物体变成了可能存在的状态，持续让观者产生在场感，从而完成对CG影像的真实感授权。

（一）存在关系的消解

为了可以更好地表现照片的真实性，人们经常将肖似与指示两种符号结合在一起。因为肖似可以表现影像和所指对象之间存在的一致性，而指示符号可以表现物体的存在性、在场性。但是，当一种具有无物质性的影像——CG出现时，其本身的意义已经消失，这时两种符号结合起来也不能解释这种影像，因为它只能表现物体的存在性和在场性，但对于数字影像这种新型影像就无法用符号来表示。

CG影像弱化了传统影像中必须使用胶卷及需要化学作用才能形成，即CG影像弱化了指示性中提到的物质之间的存在关系。因为人为因素的影响，使照片与所拍摄的物体之间的相似度受到了影响。由于PS软件的出世，人们可以运用计算机对任意一张照片进行改变和复制，其手段包括调色、软化、渲染等，使照片物像的唯一性和指示性中的痕迹受到了影响。

CG影像改变了传统影像的生成方式。指示性中的原始物与再现物之间的关系，只适用于光学原理拍摄出来的照片，而对CG影像却不适用。我们对修改影像的高要求，使经过计算机技术做出来的图画几乎接近于真实，肉眼无法辨认出是原图还是改变过的图片。

由上面提到的修图手段可以看出，数字影像虽然不是对图片机械性的复制，但其追求的却是机械化复制的效果。数字技术颠覆了传统中客观存在的真实性，但它似乎比传统的影像更能表现物体的真实性。

（二）想象性关系

上述的实际情况可以反映这样一个问题：CG影像中的照片与物体之间的存在关系消除了，但它仍然带给观众强烈的真实感。我们可以从两个方面来考虑：第一，为何在存在关系消解之后，人们仍然能对CG影像产生与胶片影像同样的感觉？第二个问题更为根本，即人们为何需要这样一种真实感？是一种什么样的动力促使人们费尽心力地去模拟物体外观的真实？

对第一个问题的解答，符号理论显然是不够的，指示符号和肖似符号显示出一种过分的理性化，符号的作用是指出其所指物体的存在意义，而照片的存在只是其所拍摄物体存在的证明符号。而我们面对影像时，并没有将它们只是作为拍摄对象存在的证明，而是存在着一种非理性的着迷。虽然数字影像是虚拟的，但我们仍能感受到其给我们视觉上带来的真实感，并因此产生观看兴趣。

罗兰·巴特认为，照片是一个不带代码的影像，是拍摄对象的一种处于现实主义情境内的释放；照片能提供给我们关于一个世界而不是所指的影像。汤姆·甘宁认为，照片所追求的不仅是一个物象存在的意义，而且是一个多样而复杂的世界，照片能给我们提供想象的空间。

正是这种提供想象的能力，引起了观者心理感知上的真实，即观者由CG影像的外观想象其存在的可能性。在传统影像的真实性的阐释中，存在着一个外观到存在的关系，传统影像是由存在的真实物象导致外观存在的真实感，而CG影像与传统的影像截然不同，它的真实感的产生是在外观的基础上运用科学技术，将想象出来的物象展现在观众面前，其中的外观指的是世界上真实存在的世界观。CG影像制作的目的并不是让观众相信虚拟可能世界观的存在，而是能采用看透的方式去观看可能世界的外观。

观众对CG影像的看透与传统影像的看透是不同的，它不计较产生的影像是否真实存在，而只是怀着一种观看的心理去看电影，其根本目的是想让观众产生和以往看电影相同的心理效应。这种准看透介于绘画感知的非看透与影像感知看透之间，也许在当下世界中是不存在的，但其观看效果是，如果在逻辑上假设可能世界是存在的，那么观者可以看透它。也就是说，在一定的情景下，观众在观看过程中会在心理上产生一种亲眼所见的感知，这种感觉就是在场感的表现。

在准看透的观看方式之下，包含在存在关系中的真实性转化成感觉上的真实感。观众的真实感本来源于照片的存在，但在观众对大量图片认知感的积累后，只要出现一个和照片存在相似性的画面，就会引起观众对画面的真实感的感觉。因此，观众对照片的视觉经验积累，是一种持续的对照片的感知投入。在这种投入中，观者授权给照片一种可以准确地表现所拍摄画面的能力。照片对所拍摄物体是一种真实再现的观念在观众心中形成一种想当然的习惯感知，从而使真实感在真实存在被撤走的情况下继续保持。

在这样一种转化之下，真实感成为人们观看影像时的一种感觉，它并不是客观存在的物体，而是技术人员通过计算机所达到的一种感知效果。人们一直延续着观看电影的习惯；在他们心里，只有摄影机产生的影像才具有真实性，才能带来真实感。这种认知是一个由效果向原因转变的过程。此外，照片之所以能将真实感作为一种形式化的特质存在下来，还有一层更根本的心理驱动力，即作为观者的我们将其视为一种对时间的留存，一种对时间的控制能力。正是在这种驱动力的作用下，才使人们孜孜不倦地追求对真实世界的模拟。

（三）木乃伊情结

巴赞认为，这种对真实感的追求来自人们的特殊的心理驱动，即木乃伊情结。巴赞经过对雕塑与绘画的起源进行研究，最终得出木乃伊情节是造型艺术产生的心理基础。人们在木乃伊身上涂上特定的香料以防止其躯体的腐烂，满足了人们想要让时间停止的愿望；因为造型艺术的初始功能在于复制外形来保存生命，所体现出正是木乃伊那种的保存时间的欲望。后来，造型艺术摆脱了这种巫术职能，但是这种对时间永恒的心理欲求并没有消失，而是以一种合乎情理的方式延续了下来，这就是模拟真实。因此，这种保存时间的心理欲求形成了追求形似的历史。

绘画领域对于形似的追求兴盛于文艺复兴时期。在15世纪，欧洲的绘画不再局限于表现现实，而是开始追求精神世界与精确地描摹外部世界的结合。透明法的应用，使画家在二维画布上创作出来的作品通过三维空间的效果展现出来，使绘画和我们所感受的现实如出一辙。这样一个在绘画史上被认为是突破性的革命事件，却被巴赞认为是"西方绘画的原罪"。因为，自从透视法发明之后，绘画创作出现了两种不同的追求目标：一种是追求画面内在想要表现的含义，而不注重画面的真实感的体现；另一种追求的目标为只注重画面对所要表现的物体是否真实，这种观念一旦占据创作者的头脑，那么其作品所要表现的作者心理活动的体现将不复存在。

摄影产生之后，绘画才从形似的桎梏中解脱出来，并将现实的再现和时间的保留的任务交给了这门新技术。从模拟现实、追求与现实的外观形似的角度说，绘画无法与摄影比拟，摄影并没有人工模拟的过程，而是一种真正的复制和再现，摄影机镜头拍下的物体比任何图画更让我们感受到真实，因为它就是这件实物，把它存在下来的力量并不是艺术的永恒，而是用影像机械的复制，它只是给影像涂上了防腐的香料，使其不会因时间的推移而消失。

从这个意义上说，摄影的出现才真正满足了人们的木乃伊情结。画框内的世界并不是现实的世界，然而，照片中的世界是现实生活的真实体现。因此，可以说，摄影其实是自然界本身存在的事物的补充，而不是替代。人们对所有事物都想要完整逼真展现的愿望促进了影像技术的发展与完善，再现一个真实的世界成为影视发展的目标。

实际上，我们人眼看到的世界与摄影机看到的世界，在时间上是有很大差别的，两者在视域、准确性、补偿、变形等方面存在着不同。在对物体的距离识别上，人眼比摄影机准确，因为摄影机对物体距离的测量与其焦距有关，而人体则不需要；在对物体的识别上，摄影机要比人眼准确，摄影机的像素越高，其识别性能就越高。

摄影机与人眼之间的差别说明，摄影机的镜头不能精确地反映拍摄物体的真实情况。摄影机拍摄的真实性源于其对物体的机械复制，不同的绘画心理反映出不同的客观性与机械性，也就是说观众在观看电影时会有一种身临其境的感受。

CG影像展现的物体并不是真实存在的，但追求画面的真实感仍然是拍摄的主要目标。这是因为摄影的本质就是捕捉物象之外的景象，只要CG电影仍然以影像的名义出现，那么它就要将摄影影像之外的外观表现出来，摄影在影像艺术中居首要地位。

三、视觉标准

作为一种合成影像，CG 影像的综合性表现为计算机视觉文化；它在外观上是摄影化的，在材质上是数字的，在逻辑上是计算机化的。CG 电影的形成具有综合性，制作材质是数字化的，外观上是摄影化的，在逻辑上是计算机化的。CG 影像和传统的影像在材质上存在着本质的区别：CG 影像是基于数学算法和公式上的像素制成的，而传统的影像是由胶卷制成的。二者在视觉上则是相同的；它们在景深效应、动态模糊、线性透视和胶片颗粒等方面，在电影摄影和静态摄影中所呈现出的视觉上的特征，是当代摄影界所追求的美学文化。无论使用什么软件和设备，摄影者都要对画面进行进一步的修改，使其更接近于真实物像。可以说，CG 影像的逻辑和材质制成来自计算机技术，但在视觉上仍需满足电影与照片真实性的外在效果。

（一）在场感与视觉标准

CG 影像投射到观者心理层面的印象，其实就是一种在场感的表现；这种在场感属于感知上的真实感，而不是物体本身存在的真实感。

从视觉角度讲，只有满足一定的视觉标准，CG 影像才具有在场感。其一，要求影像具有生动性和丰富性，其性质是由物像的诸多细节决定的；其二，在视觉上有视觉线索，具有一定的认知价值；其三，影像应该符合观影者的年龄特点。

从科学性上看，上面提到的第一点，大量的细节也可以称作多余的因素。科学家对这些如非标准的颗粒和大量的噪音等对实验的准确性造成干扰的因素要排除和抑制。这些干扰因素是自然形成的，不是人为的作用可以阻止的，也正因为这些非人为因素的存在，使照片比画画在视觉上更具真实感。真实感是由这些细节对观众感官上的冲击产生的，这些细节的产生不是几个简单的符号可以解释的。CG 电影表现的物体虽然不是真正存在的，但其通过细节展现出的丰富性来表现物体感知的准确性，也是电影给人真实感的具体表现。

在场感是观众与电影中呈现出的物像之间存在的联系，是对物像的一种真实感觉。观众对物像真实感的感知并不是自己对已形成物像进行知识性的判断而产生的，而是由观者对已成的电影物像不加大脑思索而产生的一种感受。观众看到的物像并不是真实存在的，但他们仍能凭借物像细节的准确性和丰富性体会到栩栩如生的真实感。也就是说，影像所呈现出来的细节的准确性和丰弹性并不是为了物像本身真实性的体现，而是为了其真实感的体会。

对物像的外在表现的评价标准包括社会经验和认知价值，都和观众的社会文化背景有关。其中，认知价值是保证观众通过调动自己的视觉等感官对观看的影片内容有基本的理解，对影片的基本认知是吸引观众继续观看下去的基础。如果播放的电影失去了和观众之间的联系，那么观众将失去观看兴趣，对电影现场感的体会也将不复存在。

（二）作为美学标准的照片真实感

CG影像越来越表现出一种综合性的趋势，它是由传统的摄影术、计算图像及传统动画结合而成的，包含着多种媒介的应用，既包括了一些如电影动画、摄影和图形设计等模拟物体的介质，也包括了一些如3D动画等新型计算机介质，这些介质之间由单一存在的关系转变为相互交叉依存的关系。

在这些介质的交织过程中，对音频、摄影图像、3D元素及手工元素之间并不是简单的合并，而是对设计、3D动画、电影摄像绘画等多种语言之间的综合性的融合与交织，它们呈现出的是一种具有混合媒体语言性质的视觉上的效果。

然而，照片的真实性依然是影像要达到视觉的目的，尽管有多种多样的成分类型。现在，与其将照片认为是技术手段的一种，不如将它说成是对美学标准的表达更贴切。在CG数字化技术的影响下，真实感还是影像视觉效果的最终目的。

当今时代，摄影在影像中仍有不可替代的地位，它变得更加丰富多样，具有混合性，而非以往的胶片效果；如果通过多重光色的过滤和后期的人为调整，可以把它变得更加有特色。

以往的媒介组织结构会应用于新媒介的初级阶段，这是麦克卢汉的观点，就像早期电影会模仿戏剧情节框架一样。若对此进行深入分析就会发现，将新媒介的外观用计算机平台当成基础，对摄影的外观结构进行设计，这是一个自然的发展过程，也可以说这是一个由媒介的结构向媒体语言变化的阶段。媒介的结构是新型影像内在技术如印刷术、无线电广播手抄本及胶片摄影的表现；而媒介的语言是外在美的体现，它是造成不同艺术风格的原因，是媒介的艺术表达。电影在发展过程中逐渐摆脱了传统的戏剧化的表演风格，形成电影独特的风格和叙事风格。从媒介结构到媒介外观的改变是由内而外的，列夫·曼诺维奇将这种变化形象地描述为马克思的上层建筑和经济基础之间的关系。马克思提出，上层建筑的改变是基于物质基础的改变的，也就说，媒介结构与媒介审美的改变是不同步的，先由媒介的结构做出改变，后以此为基础，媒介的审美也做出改变。

现在的新型影像只在外在的形体上保留着和传统影像相同的地方，而其结构却有所不同，从原来对电视、电影等电子媒介的依赖表达物像，到如今的对计算机的依赖。因此，现在的影像具有传统影像的表现形体，又有新型影像的结构。在未来的发展中，CG 语言也许会以一种计算机的语言形态表现出来，CG 电影的外观也会通过计算机表现出来，这种外观的表现方式将会取代照片的存在。

四、插画

对插画起源的解读要追溯到古代时期。插画的出现不仅记录了当时人们生活的方式和所处的环境，也为现在研究这段历史的科学家们提供了可参考的研究资料。

在当今社会，插画在电子媒介及平面媒体等领域有着十分重要的作用，是我们日常生活中的一部分。插画和绘画之间存在着千丝万缕的关系，插画的创作形式和思维表现形式与绘画相同，表现技巧也有许多借鉴绘画的地方。从某种意义上说，绘画是基础学科，插画是应用学科；两者的不同点在于插画是以一些特定的服装或广告设计为背景设计出来的，而绘画是由绘画者本身所决定的，不受特定的局限和限制。但是，良好的绘画功底是插画设计的基础，没有良好的绘画基础，很难创作出优秀的插画。因此，插画与绘画之间是一种密不可分的关系。

当前，插画技术的应用已不同于 21 世纪以前的现状，它形成了一种具有多学科之间交叉的媒介及承载着多种实用性技术的模式，变成了当今社会在生活、文化及经济之间的通用语言。在这样的时代背景下，设计插画语言和表达方式是十分重要的。我们将根据插画在当代所处的环境对其语言表达形式和艺术性做出分析。

今天我们所处的时代被称为"视觉的时代"；在这个时代，插画艺术有了更广泛的应用平台。商业和艺术方面的需求，使插画迎来了"大数据"时代。在新时代，插画作为一种视觉语言，突破了传统意义上的设计领域和语言范畴，从只是对原始文字或表达的思想进行补充说明及仅作为一种图形语言，发展到如今在商业界、服装界、动画、网络、影视通讯移动等领域的应用。

"插画，也可以称作插图"，是绘画的一类。书刊中的插画是最传统的插画方式，有一些是直接插入的，有的是插入在文字中间的。这些插画方式可以是线条画，也可以是彩色图画，包括中国画、西方绘画、漫画、印刷画等多个画种。插画的这一艺术表现手法有着悠久的历史，在《现代汉语词典》中被解释为：穿插在文本的中间并帮助解释内容的图片，包括艺术的与科学的。

在现代设计领域中，插画是对绘画的一种应用，其视觉传达也最具代表性，可以说插画与绘画之间有着非常紧密的联系。插画是艺术造型中最普及、最流行的艺术表达形式，它为书籍的视觉形象增添色彩，因此能够得到人们的认可与喜爱。

数字时代，人们的思想观念发生了巨大的转变；通信的数字化、信息存储的数字化和表现的数字化，使我们的世界正进行着一场新的技术革命。在新的历史时期与技术背景下，插画艺术作为一种视觉表现形式，突破了传统的设计范畴，发生了极大的转变。插画不仅局限于为文本服务，在电影、动漫、网络、时尚、通信等方面，也越来越被广泛应用。插画语言在21世纪成了多学科相互交叉的传播媒介，成为多种载体实用的技术，其影响渗透到经济、生活、文化等多个方面。

在摄影技术被发明出来之前，插画曾是视觉艺术中十分重要的元素之一；在摄影技术出现后便扭转了这种形势。摄影图片比插画在真实的叙事与描述功能上更具优势。20世纪70年代以来，插画随着摄影技术的日渐成熟，在20世纪出现了复苏的态势，尤其是商业插画，在近几年来被认为是视觉元素最活跃、最具当代性的特征之一。

在这个相对于意义更关注形象的时代，那种传统的文字传播方式被视觉形象改变，人们更倾向于通过图像来感知世界与接收信息。伴随着读图时代的到来，插画语言的应用将会达到艺术高峰。另外，信息传递速度的加快，不仅使图片的产量提高了，也使得图片的表现更趋于多样化了。由此可见，在视觉时代，插图设计受到新的关注，但是它的黄金时代始于20世纪50年代的美国，插图在海报、商业广告、图书出版等多个领域被广泛应用。

插画与其他绘画艺术的关系在于：插画和绘画艺术有着密切的联系，在创造性思维和表现形式上有着许多相似之处；许多插图的表现技术借鉴了绘画的表现手法。从一定的角度看，绘画工作是基本学科，插图是应用学科。

插画与绘画的不同点在于：插画是根据商品的宣传设计和总体规划或载体的要求来进行的艺术表现；绘画是以艺术家为中心，能够随心所欲进行的艺术表现。插画是一种古老的绘画种类之一。《书林清话》中曾提道："吾谓占人以图书并称，凡有图书必有图。"古书的插图非常常见，几乎没有哪本书没有插画。插画的出现，得益于印刷术的发明。插画出现后，经历了发展与兴衰起伏。

插画艺术最为鼎盛的时期是20世纪的50年代。插画进入视觉时代后，已成为视觉表达的一种重要的形式；但绘画作为发展了近千年的艺术表现手法，如今仍有它的现实意义。绘画不管是在精神文明还是表现形式上，对于把握艺术的本质，都为现代插画语言做了铺垫。我们能够在21世纪得到一番别样的滋味，完全得益于飞速发展的计算机技术与光反应用的新的数学技术，在表达方式及视觉感知方面都表现出别样的艺术感染力。数字时代的到来，为插画艺术带来了新的活力，为其插上了追梦的翅膀。伴随着科学技术的前进与发展、时代的改变、人为因素的影响，插画技术需不断更新变化。现代插图与传统插图在内容、题材、风格、手法等方面都有很大的差异。插画转变的原因在于绘画风格及当今社会形态的发展、网络的依附、媒介的变革、后期生产手段的进步与人们的阅读习惯、思维方式的转变。虽然"图"与"画"仅一字之差，这种由"图"至"画"的转变过程也反映了从"插图"到"插画"的历史性转变。

从当初的"文字为主、插画为辅"，到如今的"插画为主、文字为辅"，便可以看出"视觉时代"的诞生。

现代多元化渗透进多个领域，使插画的应用范围日渐扩大，并被应用于建筑、工业、医药、教务、机械、电子衍生品、唱片、食品、商业，电器等多个领域，不仅限于图书，这为插画增添了实用性。插图主要是为了满足雇主的需要，达到雇主的预期效果，它已经慢慢进入更为广大的商业圈，将与海报、信封、日历、牌匾、企业的VI标识、工业产品包装等一起被使用。这些新插画的演变不仅不会影响绘画语言的独特功能，而且将在很多领域中起作用，创作出多样化的表现手法及艺术风格，让插画艺术更加流行。

商业插画可以从字面上解释为存在商业价值的插画产品。商业插画是为产品或是企业标识设计插画，并且利用插画获取酬劳。插画创作完成后，所完成插画的所有权必须归雇主，作者只保留对作品的签名权。个人插画与商业插画的不同是，商业插画具有商业性质，只能用于商品或顾客；个别插图在被商业使用或收集之前个人或机构拥有绘画的所有权，并且可以在各种媒体中显示。商业插画天地广阔，包括卡通设计、商业插画、艺术设计、电子游戏、出版物插画等。第五章将对商业插画进行更多的阐述。

商业插画一般是指与商业活动和商品有关的插画作品。商业插画的主题是商品和人物，主要表现形式是现实主义，现代生活与工作是插画的主要内容。正因为这样，它便具有独特的风格。效果及设计意识。商业插画最基本、最主要的功能是传播信息，其作用是说明商品的质地、性能、组成、规格、质量、工艺、特性、使用、保养和维护等情况。这些商品信息能够吸引消费者的购买欲望，因此商业插画也是广告与包装在视觉形象方面的主要表现手法之一。在进行商业插画的设计与创作时，先要对消费者的心理进行调查与研究，然后通过设计创意来向消费者传递头脑风暴。因此，吸引消费者的眼球是商业插画的主要功能，它通过艳丽的色彩及独特的绘画来吸引消费者。

另外，商业插画具有装饰、美化载体及一定的诱导功能。因此，商业插画要达到装饰和美化的作用，要注意合理运用各种形式的艺术表现形式，还要注意形象的准确性和形象性。

虽然绘画中包含着插画，但插画作为一种独立的表现形式，有着独特的艺术规律，有其他艺术形式无可比拟的特殊性与优越性。对插画的研究一直集中在历史与理论维度上，并没有重视插画的本质。但是，就艺术表现创造性的思考来说，对插画本质的研究，显得更加重要。也正因为这样，笔者将注意力放在了插画内部的各个因素及其关系上。本章将着重论述插画艺术的本质与本体的关系，会谈到母题这一西方艺术批评理论的基本概念。

母题（motiformotive）作为一个外来语，它的英文意思为：第一，艺术品中重复的基本色调（the colour motif）及重复的基本图形；第二，音乐作品中的主要调式结构及主旋律；第三，动机及目的；第四，艺术品的主题。母题的基本概念是指视觉艺术作品中的局部图形及基本图形。母题繁杂的图像，有主要和从属之分；在母题的某个画面里，母题则被称为基本图形，但这还是肤浅的理解。

作为西方艺术史学家常用语言，对母题的分析就是对母题不同风格的构成形式进行分析，这是很重要的一点。沃尔夫林提出的"分析"的主要内容是对母题与母题综合（作品构图等）的分析。从历史名著中可以看出，母题所体现的风格与形式是完全不同的。著名的绘画理论家帕诺夫斯基认为，母题是一种类形式化分析；对母题的分析是它的前图像描绘，从中可以看出，母题实际上是画面中每一个独立单位最基本的形象，体现了艺术感染力和艺术创造力。值得关注的是，随着绘画手法的丰富、风格的转变及理论的完善，母题的基本单位也渐渐地转变为创作者表达内心情感与表现艺术的手段。艺术创作者通过用不同的母题来表现不同的艺术情感，这成为他们思考艺术创作的新途径。换句话说，"绘画"一直是人们关注的焦点，而不是艺术创作者们最关注的角度。相较之下，"如何画"是艺术创新新的突破点，人们将目光更多地放在形式上。通过上面的论述，我们可以从母题的变化中深刻体会到背后所蕴涵的意义。

当今学术界中存在一种把母题当主题的误解。母题是否是主题，是一个需要认真讨论的问题。

首先，主题不一定能与母题等同。按照词典与文字理论来说，对"主题"概念的解读主要集中在那些具有强烈艺术性的文艺作品上但并不是每一部作品都有深刻的文化内涵、人文精神、象征意义与伦理意义。因此，用"意味"来代替"主题"或许更加合理。"意味"一词相对于"主题"更加宽泛，更加朦胧，与艺术的普世价值更吻合。美没有固定的形态与规则，它是灵动的，也是飘逸的。假使艺术家想要利用特殊的方式留下美的阴影，那么阴影也必须具有美的品质。具有这种品质的，才可以称得上一个优秀的艺术家，因此影子也是要灵动的。因此，母题不等同于主题。

其次，母题在某些特定的情况下可以成为主题的一部分。比如，如果我们简单地把《最后的晚餐》理解为一群不同人物的宴会，那是远远不够的。在理解一些作品深刻含义之前，我们先要有知识储备与审美观点；这样才会避免把它当作简单的宴会来描述。所以，我们能够体会到，只有当一部作品有着深刻的文化内涵和历史意义时，才能把母题当作主题的一部分。

再次，母题在西方的文字理论中的第四条释义为"动机"。"动机"是这个学科非常重要的部分，与艺术创作密切相关，受主体的欲望、情感及心理倾向驱动，能产生具有一定目的性的最原始的行动冲动。文学理论中的动机与心理学中的动机有很大的不同。艺术理论的动机更多地体现在艺术理想和美感的表达冲动上，这种艺术冲动伴随着艺术家的创作，有着先天媒介与形象作用。因此，艺术家必须将合理的、感性的及可靠的手段与艺术理论结合起来。当我们在寻找灵感与艺术创作的动机时，不仅是在寻找一种欲望与蕴意，也是在寻求一种视觉与艺术理想相调和的趋向。正是由于这种联系，母题在基本意义上可以与"动机"有所联系。我们创作文艺作品时，努力寻求一种母题，对母题的追寻，也就相当于对动机的追寻。值得我们关注的是，"画因"是另一种解释母题的方式。看起来，这好像对母题动力加以肯定，我们可以从某种程度来说"画因"是视觉艺术中母题的动机。在这种情况下，"动机"的含义可以通过视听艺术把艺术家的艺术手段及艺术规律反映出来。在文字理论中，母题的基本解释与母题概念的第二含义是等同的。

纵观上述，我们能够从以下几个方面来把握母题的内涵，这些内涵之间既有联系，又有区别，从而使那些差别更加微妙。

人类文化的发展一直是复杂的，规则少又不平衡。经济与政治的历史与艺术史是不同的，艺术史并不是一个纯粹的伦理道德史。基于此，研究各个领域的历史才有其研究的意义，才能从插画语言中找到艺术史的意义。

不同的人对"艺术"有着不同的理解。或许可以这样理解：自然是一种艺术，它是赠予人类最好的礼物，而艺术则是人类对这个礼物的回赠，也就是对人类本身的理解。艺术在真正的"人"诞生时便应运而生，艺术史便是艺术家及其作品的历史。艺术对于人们的精神世界是相当于化石般的存在，它隐藏着人类史上的许多遗传密码，等待艺术家破译，进而做出完美解释。对"美"的最终解释很难找到一个客观不变的艺术标准。虽然艺术史注定要不断地进行更新换血，但并不意味着寻找同样的艺术标准就像是一种消磨我们生命的方式，艺术的历史注定要被后人更替，所以不可能为艺术找到一种不变的标准。"文化"自身就是有争议的，但我们必须走艺术与文化相辅相成的道路，只有有文化内涵的艺术才能走得更加长远。

综上所述，插画研究与创作有着艺术渊源，并不是简单地进行艺术创作，它是站在历史角度向艺术表达敬意。有人认为，会简单的绘画就够了，为什么还要去追溯并学习艺术史呢？但话不可以这样讲，现代人使用的绘画工具哪一个不是前人发明的？如果没有历史，哪来的历史人物和创作风格？因此，我们热爱并且学习绘画，从事绘画事业，这都离不开对于艺术史的追溯和学习，这为我们的绘画提供了基础。

三、图表

形式是使图表富有生命力和作用的重要因素。好的图表取决于正确的形式，视觉表现的方式同样取决于形式。形式是多样化的，是内在意义的在外表现，但图表设计是否被用来表达观点或传递信息，其最终还是为以视觉魅力吸引读者对信息的兴趣而服务。由此可见，图表设计可以是信息传递的载体。那么，如何让图表设计的格式选择有很大的差异呢？同一种表格用不同的格式，会给人一种迥然不同的体验结果。不要再念念不忘条形图、饼状图或是柱形图了，这些老旧的图表格式已经慢慢被人们所淡忘，新的图表格式层出不穷，只要是你想到的都可以在图表中得以运用，类似高楼或是瓶子的图表都是可以被接受的。对于图表的样式并没有特别多的要求，唯一的要求便是要准确清晰地传达所要传达的信息，可以与图表的视觉词汇相结合，那它就是一个合格的表格。即使现在，图表不仅局限于二维平面，即使是三维的，它也可以在空间框架中充分地把信息呈现出来。未来发展的趋势是动态壁纸，所以图表在电影、媒体动画和创作MV中的应用也会越来越多。

语汇，又可以被称作词汇，在字典中它的释义为词语的集合，也就是语言符号的集合。语言符号包括词组、语素及固定短语等。语汇的范围有大有小，语言系统中所有的单词是它最大的范围，如英文词汇、中文词汇等。语言还有另一大范围，那就是在一定的历史时期内词汇的集合，如现代汉语词汇、上海方言词汇等；而词汇的小范围则是指作者、主题、作品、领域等一些有特定性质的词汇，如鲁迅名言、计算机语言等。所以，平面视觉语言属于语汇的小范围，与计算机语汇是相同的语汇范围。语汇不仅是一个单词，更是一个集合的概念。相同的视觉语汇不仅是单一的视觉元素，同样是集合的概念，它应该包括组成视觉语汇中的所有单位的视觉元素。

视觉语汇的主要构成是图形符号，也是一种语汇表。如果将视觉设计及视觉词汇进行比较，就能够看到视觉语汇—视觉语素、视觉设计—设计元素、语汇—语素等。语素由语义和语音构成，是最小的语法单位。词大于等于语素，短语大于单词，句子则是最大的语法单位。在视觉方面，是阅读图像的主线，是由语素这样的单位视觉组成的，而单位的视觉语素是由样式、颜色及图形所构成，平面视觉语汇是以造型与影响造型的相关元素为基础的。

通过适当的图表能够使抽象的语言有具体的现象体验，但表达出来并不容易。图表的视觉语汇包括它影响的造型元素及所有单元的视觉语素的纯造型元素，细致到每一处的点、线、面、体积、空间、时间、色彩等。在这里，先要掌握图表当中视觉语汇图形，接着分析图表中每个单元图形元素的设计，阐述图与图之间的联系对视觉传导过程的直接影响，在沟通过程中还要考虑到其完整性、有效性、准确性及直观性。所以，作为传达信息的载体与工具的图形也具有一定的符号特点。图表能够使受众更加清晰直观地从繁杂的信息中获取指导或要点，从而进行信息传递，这是图表相对于文艺或图形信息的特点与优势。

把符号及把符号作为语言、交际中重要因素的研究就是符号学，其强调的是人们其他感官输入的能力以及诠释图像的能力。符号学主要研究如何在发送者、语境的转换中将不同的含义单独地传送出去。在许多的设计中，符号学理论都得到了应用，如广告、标志、书籍版式等平面设计。毫无疑问，符号是一种十分重要的工具。所以，我们应该重视在平面设计中符号学理论的重要性。毋庸置疑，图表设计中的单元图形与符号学理论密切相关，甚至可以说符号是图表中许多单位图形设计的母体。

图表中的单位图形是符号的一种表示。设计师通过图表来将某些思维、信息或是结论传达给受众，进而引导读者对他们做出解释，而读者则通过图表还有自己对图表的理解来体会设计师所要传达的信息。显而易见，作为沟通设计师与读者的单元格，它是体现了设计师信息转化的思维符号。该符号的内容是否能使观众产生共鸣并准确认知，这也是图形设计成功的重要基础。

符号学系统被罗兰·巴特划分为物质、语言和效用三个层面，这为语言的产生提供了根据。符号之所以能够很容易地被记住，主要在于它的造型具有标准化、艺术化的特点。图形是设计者与读者之间关系的结果：设计者方面创造一种符号图形语言，而读者方面则是从图形语言中体会其所传达的信息。图表设计师的语言也就是图表单元中的"语言"，而"言语"则是读者能够读到的设计者的语言。在巴特符号学体系中，利用语言、材料及效用这三种层次转换出的图表是大容量复杂信息、单元图形及通信的接收器。在《工业设计史》一书中，设计者将一个繁杂而枯燥的工业设计史以图表的方式为读者做了讲解，观众像听故事一般，有助于理解，也不会感到厌烦。

充分体现"对象—关系—特性"三者联系和单元图形的内在与外在含义相结合概念的是《2008美国总统大选》这个图表。

从图表的外在表象来看，这好像是在对比两位竞争者的实力，事实上，设计师传达给我们的信息有三条，即矛盾、联系及隐喻的线索，体现了竞争背后的金钱游戏。

在设计图形单元时，朗格的艺术符号理论对我们的指导作用是决定性的。朗格使符号更具有美的因素，在符号的造型中拓展了美学这一领域。也就是说，我们在设计图表时，除注意准确地表达信息外，还要使图表富有创意，关注图表是否"美丽"。

视觉心理是对视觉与思维的特殊关系的研究，大多数人认为没有固定的原则可以规范艺术创作，但能够在现实中发展其原则与依据。一旦艺术创作能够进入心理学领域，对于事物的观察与欣赏，我们的眼睛是有取舍的，对于事物的视觉反应则是基于许多心理因素和影响的。

鲁道夫·阿恩海姆曾在《艺术与视知觉》当中说到视觉都倾向于最为简单的构造，以便于读者能够更加清晰地了解到形状、颜色、空间等要素，这些要素在艺术作品中应该呈现出统一的整体。一个真正的图表设计应该是设计者应用简洁的视觉语汇来概论繁杂的信息，使读者在阅读时能够清晰地理解图片信息。使用怎样的视觉语汇及如何传达信息，这需要设计者与读者之间达成一种共识。由于人们一般接受的是人类基因中相同的想法，并且这些想法可以被充分利用在图表设计中，所以平面的视觉语汇与视觉心理有很大的联系。人们共同形成的概念以及许多的想法都是无法改变的，因此必须尊重大众的视觉心理，认可大众，选择能够为大众所接受并且认可的视觉语汇。

图表设计的图像语义传递及表现也应借助符号媒体来完成，而观众对作品的解读则是基于符号的解读。虽然图形能够的表达有限，但作品本身所蕴含的意义是无限。与此同时，高速发展的新技术为改进方法与使用策略提供了无限的机会，它可以为越来越追求精确的顾客、受众及用户传达信息，讲述故事，表达意见。时代的不断发展，为图表设计的思维提供了越来越广阔的发展空间。经常被挂在嘴边的有创意的思维是一种全新的思维方式，是处理各种情况和问题的新方法和程序领域，它是一种思维过程和活动，但绝对不是一种独立的思维类型。这种创造性思维在人们的日常生活中是复杂的，它是各种直觉思维、灵感思维、形象思维、逻辑思维等具有概括性的思维方式。

在《艺术与视知觉》一书中鲁道夫·阿恩海姆提到过："视觉形象是对现实生活创造性的把握，而不是机械地复制感性的东西。它把握的形象是富有敏锐性、创造性、想象性的美的形象，观看世界的活动被证明是外部客观事物本身的性质与观看者的本性之间的相互作用。"

图表中的图形是图形元素的主要构成部分，这些元素又为图表提供了直观的信息，各自有各自的图片解说功能。而图表中有具象性的造型表示的主要是事物清晰的特征及能够辨别出的图形。具象图形有许多不同的表现手法，如拟人、包装、写真、借用、比喻、夸张等。利用具体的形象的视觉线索，达到强化意义的目的，挑选适合讲述的故事元素，并将它们添加到图表中。举例来说，当谈论预算的增长时，条形图可以代表一堆硬币和袋子中的一段时间，但是口袋的大小应该和货币的数量成比例关系。通过这种肉眼可见的变化增长，使受众能够更直观地接受图表中的信息。

图表中，信息呈现是一个复杂的过程，在这一过程中将会有新的知识、领域、内容及寓意呈现给我们使我们能够很清楚地理解公众如何才能接受和认可信息，用什么样的图形视觉语汇风格来设计图表便显得不那么重要了，而在图形词汇表中显示真实内容很重要。由于图表具有非常强的代表性，一个清晰的视觉过程是必要的。图的可视过程可大致地分为线性过程（是单向的，有轨道规则，如从上往下或由左到右）和非线性过程（是多方向的，如内扩散到外扩散，垂直和水平路径，具有多个起始点和多个方向的特点）。不管是线性的还是非线性的，都应当考虑受众的阅读习惯，遵守视觉秩序的一般规律，即左、右、先、后，以加强图表信息的传达效果。

图表设计先展示的是视觉层次的空间。在每一个图表的设计当中，放在首位的多是视觉的可视性。普遍来看，与产品、服饰、环境、平面等设计相比较，图表的设计能够使用到的材料及技术很少，因此它的侧重点是二维平面的视觉。有些规律对设计图表有一定的借鉴意义，比如，在我们的视觉感知中，明亮的比暗淡的物品更能吸引我们的视线，人们更关注的是可以看到的而不是抽象的，动物比静物更吸引眼球。所以，图表设计也应遵循删繁化简、抽象化具体化的原则，使读者容易理解。格式塔的名字就是从视觉领域中来的，是研究视觉规律组织的定律。在格式塔学派中，经验和完整性尤为重要。一般认为，从整个活动中研究心理现象总是小于整体的。英语中有 11 种基本的颜色描述术语，如白色、黑色、红色和灰色等。但另一个国家，巴布亚新几内亚，只有两个黑白术语来描述颜色。

四、文字和字体

点、线、面这三个元素是纯粹造型元素。我们以汉字为例，汉字的最小形式元素是点和线。每一个汉字的组成是由各种点、线和空间位置的变化而成，并最终在人面前展示出各种样式的文字造型。每一个汉字都可以称作一个完美的平面设计作品。但是，图表中的点、线和面不同于纯艺术形式的点、线和面。图表中的点、线和面，是用于标记信息的位置、面积大小、比例长短、空间大小的纯单元元素，特别是由点、线和面合成的图形字符。词语的作用是说明和解释事件的前因后果等的，它和罗马数字一样，在图表中进行辅助说明的。

造型元素的影响包括光、色、面积、纹理、轨迹、时间、空间、思维等，那些影响的造型元素属于感性的领域，同样是感性的元素。纯建模元素是合理的，所以建模的要素是有原则的，但没有刚性规则。因为它是感性的，所以我们必须通过理解来把握。

五、图形元素

（一）动态图像设计中点的基本性质

从几何的角度来看，点只有相对位置，但它既没有大小，也没有固定的形态。但是，点作为一种表现形式，没有形状也就意味着不能为眼睛所看到，不能展现其视觉效果。所以，点在造型方面没有固定的形态，点之间的大小、形状以及面积也是各不相同的。正如康定斯基所说："在绘画中，一个点的外形是不确定的，这种可视的几何学的点一旦物质化，就必定有一定的大小，占据画面一定的位置。"由此可见，在所有的视觉表现中，点有其独有的特点。

在视觉形式上，点的大小在不同情况下是不同的，点的大小是点和面之间认知的分界线。当点存在于静止的媒介中，点越大，越趋向平缓，反之，动感就会越强。当点处于动态的媒介中时，点的大小变化可以表达距离与空间的变化。点从小到大的变化，可以被看作空间对象的视觉透视图。点越大，离观众越近；点越小，离观众就会越远。同时，点的大小变换过程也能被看作空间转换的过程，当点趋向于更大时，它内侧的空间感就会加强；反之，它外围的空间感便加强。当然，点与面之间、点与空间之间的边界变化也会受到其他因素的影响。

点的形状的变化：在平面当中，若是它趋向于圆形，那它更容易被当作点；在空间中，如果它更趋向于球形，那它也越容易被视为点。在这种变化中，镜头形式的使用起着决定性的作用。如果镜头被移动得少，那么它的空间感就会弱，在画面中的视觉感知越靠近平面，球与圆之间的差异越小；运动的过程越多，镜头被推拉，空间越强，视觉感知越接近空间、圆和球体，差异也越大，圆更容易被看作是空间的分界点，即空间与空间的交汇点。此外，在平面与动态的介质中，点总是被当作最基本的形式。因此，形状越是复杂的点，几何意义也就越小，越可能被当作图，而点越简单则相反。点在中心地带是最平稳、平衡的，若是在一些边缘较弱的部分，它也是渐趋平稳的；越是向边缘延伸，它的动感也就越强。在动态媒体中，点在单位时间内移动的时间越长，大小变化越大，速度也就越快，点所在的空间的稳定性便会增强，并且图像中的点的动量取决于前一帧的位置。纸质媒体和动态媒体的共同点是，当一个画面同时存在两个或两个以上的点时，我们认为点之间会相互联系，在纸张中，点之间的连接为负，是意识的感性的。但是，到了动态媒介中，点之间的连接是正的，点对点的具体表达是随着时间的推移而产生的，它是一种能够被感知的情感表达。

在动态的媒介中，点、线、面三者不再有其特定的意义，而是在媒介中与其他元素相互关联才会有意义，同时可以建立一定的规则。这是因为我们的视觉感知是伴随着元素的变化而变化的，这些变化能够创造出无限的构造及组合。时间的存在更让其他形式的艺术融入构图中，遵循美感的形成，使情感的构成更丰富、更均衡、更容易感知和理解。

单元图形意义的表达，必须将图形语汇放入特定的环境（图像环境）中去讨论，并且研究不同的图像结构中产生的语义，进而对表达与传递之间的关系进行分析，最终讨论语义表达在现实生活中的运用。单位图形的构建是图形设计语言系统中最重要的一步。康德说："绘画、雕塑甚至包括建筑和园艺，只要是属于美术的视觉艺术，最重要的一环就是图样的造型，因为造型能够给人带来愉快的形状去奠定趣味的基础。"[1]在视觉传达设计过程中，图表不仅具有自己的表现形式与特点，而且在传达方面具有合理性与艺术性。从信息元素的选择到图表形式的建立，我们需要过滤、丰富、添加或简化信息，然后赋予理想的结构形式。

在这个飞速发展的信息时代，方便快捷的信息服务为人们带来以前无法比拟的优越感，同时使人们面临着信息过量的麻烦与困惑。人们希望看到的是有序的、形象的、简洁的、精练的信息内容，拒绝复杂且枯燥的阅读方式。信息图表的功能是为大家提供一种收集和总结大量抽象数据、提取符号意义信息的阅读方式，并使用象征意义的图形提取信息，结合视觉语汇元素的结构，把通信和通信的准确性和有效性放在首位，准确显示各种信息之间的关系。

（二）动态影像设计中点的形式美法则

有大量的"美"存在于自然界中，它们带给人的视觉感受是最原始、最基本的，并且在时间的推移中不断进行积累，最终形成了一整套的视觉感受。这种过程符合美的形成规律，也是提高社会设计水平的关键，而且每个人的审美观取决于那些丰富经验的积累与提炼。社会设计的改进又促使了视觉体验进行改变，人类通过长期的生活积累的视觉感受说明了美的表现分为两大类：一种是规则美，它是一种庞大而主要的表现形式，如构图法、对称法、平衡法、重复法以及具有强烈节奏感的渐变和发散方法属于此类；另一类是不规则的美，如对比度、特异性、夸张性、扭曲性等。

人类视觉总是在无意间寻找心理感知上平衡状态，原因是人体内有一种经验式的平衡，外界不稳定因素常常会带给人焦虑不安的心情，让人产生一种排斥心理，然而，对称是一种完美的平衡状态，这是人类生活中最习惯和最常见的形式之一，如建筑物、交通工具、动物的结构等形式中包含着这种对称状态。虽然时间不能让物品产生对称状态，但是很少影响这种状态，稳定的特定的空间是对称状态的必要条件，对称感是有序的、庄严的、宁静的、平和的。因此，在许多比较严肃的设计中，会较多地应用对称法则，如国徽设计、服装设计、医院标志设计等。在环境艺术中，比较常用的也是对称，尤其是对于宫殿、寺庙等来说，建筑的对称性，能够体现出它的"权利""平稳"。

---

[1] 魏蕾.绘画艺术的视觉张力[J].大众文艺，2011（07）.

对称给人的感觉是沉闷的、单调的，或许因为它太过完美，缺少变化，因此，应该在平稳的基础上进行局部改变。

不论一个形体多么对称平稳，在时间这个变革者面前，只要它产生了运动，它的平衡就会对它运动的规律性与平衡性及现实规律等因素产生依赖，因为运动物体影响着人们的视觉感知。同时，时间对画面空间的稳定与认知也产生着影响，如果进行着不规律的运动，便会给空间认知造成混乱。

在设计动态图像时，图像总是会相互干扰，造成屏幕上物体的运动。当图像中所有物体在同一运动平面介质上表现出相同的对称性和平衡轨迹，并且运动时间相同时，对称与平衡的审美感则由画面本身决定。为了使物体在不同运动时能够平保持平衡与对称，就应该在时间线上来观察物体的运动轨迹，这样就会产生下面的结果。

当图像只是一个点时，如果它的轨迹总是以某一轴为对称做循环运动，则该点可以带来平衡的效果。当画面是多个点形成时，就需要将其与画面轨迹相结合，进而体现画面的平衡性、对称性。如果不需要改变点的位置深度，比较小的点需要快速且频繁变动，并且周期线长度和较大点的长度在周期运动所产生的线的长度上减小到一定的比率，点对点之比是相同或相似的情况下，仍然可以产生动态媒介之下的单点轨迹运动。当改变点的深度时，物体在深度空间的位移距离就会决定图像是否平衡，那么平面空间内的纵轴会取代深度空间的轴，并且产生新平面。在新平面中，如果点的变化符合时间轴和平面轴之间的平衡关系，那么原始图像中的点必须符合深度不变的点的平衡。

点的集团化是群体化和重复化，具有图像的连续性，并且是重复排列的相同点。在日常生活中，不管是树木还是草的生长都有它们自己的规律，这在人们眼中是一种秩序美，它们和相同的元素排列整齐，成为一个整体，在视觉效果中能够感觉到有序便是集体化或群体化的源泉。

动态形象设计中体现集体化的方法有两种：一个是点的内部集团化，另一个是点外部的集团化。在点外部的集团化中，点越大，空间感就会越强；但是，因为时点间被添加，点从小到大可见，所以，在潜意识中，观众仍会认为空间的拓展是一个短期的点。点内部集团化的表现时间是短期没有点的变化，是从内部向外部集团化的转变时间。

在平面构成中，基本形与骨架是两个基本要素，骨骼是图形的骨架与格式在重复排列中基本的排列方法，基本形是图形的基本单位。在动态图像中，点的分割就是基本形。若分割是根据骨架来分，就会成为点的内部集合，扩大分割的数量，使图片中的点的外观不被感觉到，然后成为点的外部集团化。因此，从内部集团化和外部集团化两个方面进行区分：一个是区分动态图像的时间段，如果空间给定是内部空间，那么点与空间的部分就是点的内部集合；另一个是根据画面的动态来区分，如果图像在骨架中被切割，就是内部集团化。如果屏幕上的点是按照骨架的规则排列的，并有一定的运动规律，则为点的外部集团化。

骨架在排列中起着重要的作用，不管在哪种介质中，骨架是构成与复制的必要条件，在单元的距离与空间中起决定作用。

骨架存在于时间与空间中，在空间中，骨架的排列才能创造秩序感；在时间中，骨架起着控制与稳定轨道的作用。骨骼可分为规则骨骼和不规则骨骼。规则骨骼，按照数学方法，排列有序；不规则骨骼是一种更自由的结构。从动态的角度来看，规则骨骼产生秩序性，不规则骨骼产生趣味性。

点的规律性骨骼代表空间的性质，它是由骨骼作用于时间上而产生的，点的大小和骨骼的层次显示了空间的深度。传统的二维图像是由骨骼的基本形式产生的，而动态图像则是在空间中建立多层关节的效果。相对而言，动态语言中的骨骼更为复杂，不仅在空间上具有多个骨骼效应，还具有更多的时间骨骼效应。图像中相同的两幅图像需要不同的骨骼来支撑，只有在多个骨骼的共同作用下，同平面介质的动态图像才能产生相同的图像。

点的非规律性骨骼的外在表象寻求的是一种趣味性。如果点的规则的形式可以显示世界上看不见的物质，那么不规律的骨骼表现的则是世界中有形的物质。而且，用数字形式来分离虚拟与现实会使它更具有代表性、抽象性。如果点用不规律的骨骼表示时，点的集合化通常可以被视为图形。通过点的不规则排列，可以显示各种对象的特征，并且可以识别观众。否则，不规则骨骼下的点的分组只能给人一种无序的感觉。因此，点的非规律性骨骼表达必须基于现实的特征。

动态图像的成像条件由现有图像确定。电子媒体的屏幕普遍是由无数个点构成的，也就是所说的"像素"。许许多多的像素构成了我们所见的各种画面。一般来说，动态图像的性能可以描述为不规则骨骼动作的集体化。但是，它需要一个先决条件，即点的规格可以被感知。虽然点没有大小，但是小的点经常被忽略。因此，无论是规则骨骼还是不规则骨骼，为了便于整合各种骨骼，作为集体化中的一部分，它在画面中必定要有相应的范围。

综上所述，点的集合化可以分为内点组、基本形的构成、外部点集团化、规则骨骼集团化及不规则点集团化四种情况，尤其是内部点的集团化和不规则点的集合化主要表现为图形化、动作化、现实化、点外集合化，而规则骨骼点的集合化主要是重复、平衡等，更抽象。

六、动影像

动画最重要的特点是描绘和显示动作。显然，动画的"动"实际上是动画的动作，是其他情节的产生机制。动画可以从动画效果和制作方法上分为二维与三维两种类型。区分卡通与其他电影、电视与电影的基本依据就是绘画艺术。特殊的艺术表达是动画艺术表现的关键。动画是通过播放不同的视觉效果，创作能够在画面中每秒可以完成24幅图的形象动作，并且将内心感情最大限度表现出来，在动画形象与设计时注入作者的主观意识，拉开与客观现实的距离，这样就诞生了动画的创作价值。

无论是在戏剧的创作中，还是在角色的扮演上、表达的效果上，动画电影的基本模式都是戏剧化的或夸张的。动画戏剧化的结构与表现手法，通过细节来刻画主角的内心世界与思想，并在动作上体现内心变化的过程。

动画短片在创作的道路上，深受现代电影和现代艺术的影响。以加拿大著名的动画大师诺曼·麦克劳伦先生为代表的"纯粹动画艺术"运动中所进创作的作品是"意识流电影"的简单翻版。

动画与电影有着十分紧密的联系，然而电影受其他艺术的影响和冲击的情况是很常见的，只有动画，无论其他艺术怎样影响与冲击，其独特的艺术风格从未改变过。

动画是指在磁盘或胶片中把影像记录下来，其播放的速度为每秒24格或30格。它是用一种以绘画、雕塑或者虚拟空间的方式来记录影像的一种艺术仿真景物。动画中的影像在"动"的过程中产生了更具有主观性和表现性意味的语言。动画影像用来传达情感的最直截了当的方法就是动作设计。

无论是三维的制作还是传统的绘画，都为动画增添了更多的表现方式，并为影像增添了更多的感染力。因为有了"画"这个功能，动画片在虚拟的和想象的环境方面的展现更具有独特性。动画既能把环境和场景表现得淋漓尽致，又能利用三维技术与虚拟环境造就神话传说、科幻题材及寓言故事等题材故事。动画中的很多表现手法都是从绘画、雕塑等艺术形式中学过来的，但是并没有将所有的艺术形式都原封不动地照搬过来。因为动画具有自己的特色，所以有些艺术形式必须经过动画艺术家和工程师们的再次发明创造才能够利用。

以油画在动画中的应用为例。如果想要构成动画，那么每分钟至少需要 12 个画面，也就相当于要用油画材料在布上画出 12 幅十分相似的图画才可放映一秒钟。面对这种状况，动画家们经过不断努力，发现了一种用油画颜料在玻璃上作画的简单办法。动画家们发现用油画颜料在玻璃上作画不会立刻变干，于是利用这个特点，在画家画画的同时让摄影师进行拍摄，这种边画边拍的方法省去了诸多烦琐的步骤，创造出一种崭新的动画艺术表现语言。例如，影片《老人与海》这部人人称赞的伟大艺术杰作，就是俄罗斯艺术家亚历山大·彼得罗夫运用这种方法创作出来的。

动画通过对自然形态进行夸大，或是创造出虚拟的、幽默荒诞、具有神奇色彩的形象，引起人们的视觉感官产生不同级别的刺激感或欢愉感。动画中夸张的造型与现实形成鲜明的对比，从而达到人类视觉的兴奋点。不同的动画设计创作都在追寻这种独特而又奇妙的差异。然而，相比较来说，主题的把握与差异度显得更为重要。例如，在著名的德国导演卢贝松·汤姆提克威执导的影片《疾走罗拉》的片头及片中罗拉独特的造型和逼近神经质的奔跑动作，恰当地表现出了角色的活力，甚至爆发出了生存的意义。

电影中很多镜头都通过动画语言来表达、完善情节，就像罗拉在吼叫时将镜子和窗户的玻璃震碎等，这些细节都充分体现出了一种特殊意味的创作思维方式。在影片《Avalon》中，日本动画家押井守以静止的爆炸形式将其分割成片状镜头及子弹把人击中时变成碎片等，创造了一种全新的动画语言和视觉效果。这种运用数字化制作技术创作的模拟现实的动画作品，为具有幻想形态和期待真实视觉效果的人们提供了新的审美风格。例如，《侏罗纪公园》中的恐龙片及相类似的影片都将虚幻的时空描绘得栩栩如生，展现得淋漓尽致。这种形式被称为数字动画，其图像效果可以假乱真。它的制作技术在影视作品中有着广泛的应用，如电影《异形》在表现形式与情感上满足了大部分人奇怪荒诞的心理需求。电影《最终幻想》是一部移植于游戏平台的全数字化技术生成的，而且迄今为止，这部电影作品可以代表数字动画影像技术的最高水平。在影片中，真人的造型和表情通过动作捕捉技术，使人物的动作真实自然，人物的变换更加细腻。动画更多地强调"虚实"情境的异化效果，如虚构造型和动作表现，夸大并诱导主体创作的自然现实或幻想中产生的形象，使其成为心灵的意象，在观众与观众之间架起了沟通的桥梁，达到了真正意义上的观众和观众之间心灵沟通，满足观众轻松有趣的精神需求。美国米高梅公司制作的《迷墙》动画影片创意独特，富有哲理并引人深思。这部影片表现出现代人生活在虚幻的梦魇与现实之间的混乱状态。动画家吉拉德·斯卡夫的动画设计具有超强的视觉效果，给人以震撼感；其表现形式和审美效果不同于普通的动画，它将一个摇滚音乐表演者洛伊德对痛苦经历的回忆与潜意识思维的画面，将复杂的情感，运用动画所特有的表现力，表现得淋漓尽致，成为构成动画设计审美价值的重要因素。

  研究影像运动，就一定得提到格式塔心理学派。格式塔心理学在视觉心理学研究方面，为后人提供了有力的指导，有很强的引导作用。著名格式塔心理学家鲁道夫·阿恩海姆曾这样描写运动："运动是一种引起视觉强烈注意的现象。猫或者狗，一般不会对周围不动的形状或者颜色做出反应，也许是因为这些不可移动的东西不能给它们留下强烈的印象。然而，一旦这些事物移动起来，它们的眼睛就会立即盯住它们，甚至与它们一起移动。体型越小的动物越容易注意事物。人类也同样会被移动的东西所吸引。"阿恩海姆认为，正是因为运动的这种变化与人的心理本能和心理意愿是相互联系的，所以，眼睛才能对运动现象做出强烈而不自觉的反应。

  古往今来，人们对运动的概念有众多解释，且言辞不一。而希腊哲学家齐诺认为，运动是人类的一种错觉，是与动画电影的播放原理相类似，我们肉眼所看到的运动的物体其实是静止于其轨道上的无穷多的点。在动画电影中，影像其实就是连续静止的图像，而且这个图像是基于视觉暂留原理，以每秒24张画面来播放的。当影像播放时，我们能感觉到画面在运动，其实这种运动是我们的错觉。齐格森却认为，运动是一个动态的过程，它总是由起点一直运动到终点；而且，他认为运动中的物体是不可分割的。齐格森的这个理论和我们如今看到的电视机的播放原理相似。通过显像管发射的电子束连续不断地扫描屏幕上的像素点来形成我们肉眼可见的画面。因为处于一个不断运动的状态，所以不管是模拟信号还是数字信号，播放出来的影像画面都小且静止的。对于运动的理论，虽然齐诺和齐格森有不同的看法，但他们在一定程度上分别揭示了电影和电视的运动奥秘。在动画电影中，一般将影像的运动大体分为三种：一是指那些物体在画面中的运动，也就是场景中的物体发生运动，而画面中的场景不动。二是整个场景发生运动，以突出画面的动态感；三是指将上两种运动方式相结合，两者的共同运动能使画面产生更强烈的动感。运动本身就是一种很神奇的东西，它能够很好地吸引人和抓住人。运动的吸引力源于人类的生理本能。通过运动的影像，观众会产生感观的紧张和无以名状的兴奋。影像运动作为一种视觉冲击，会刺激观众的生理和心理，从而对其产生强烈的影响。我们如果能将这一心理奥秘有效地运用在创作动画电影上，让"运动"这一元素自然而然地贯穿于整个影片中去，那么我们的作品就会更接近成功，从而达到事半功倍的效果。据调查显示，在如今的电影市场中，收视率高的电影大多带有火爆刺激场面，如《功夫熊猫》，它凭借滑稽的人物造型，刺激的武打场面，高端的拍摄技术，不仅使观众身临其境，同时保障了电影投资商的票房收入。因此，动画电影创作应当充分考虑观众的视觉心理特点，运用一定的运动表现技巧。

七、动画元素

影像画面是由点、线、面组成的，是一种对物质现实的客观反映。影像画面的最独特之处在于它对物体的再视运动，这也是它最重要的特征。同时，影像画面具有强烈的现实感，它能将客观世界从宏观到微观的角度展现在人们面前。由于它具有客观逼真性的特征，观众往往会把影像画面上出现的事物当作客观现实，从而不由自主地参与进来。

动画电影所反映的形象是客观事物明显的、具体的、独立的面貌。无论动画设计师如何夸大和扭曲图像，它都是同一张照片中的单一再现感。这一点与小说、诗歌、散文及其他文字类作品恰恰相反。例如，当我们描绘一个角色时，小说作者只能通过单词去描述人物的形象、面貌、动作等，而读者必须自己想象这个人物具体的形象。但是，读者通过文字描述在头脑中想象出来的人物往往会受其世界观、性格、文化的影响，从而产生差别。所以，当大家读了《西游记》的小说版之后，不同的读者往往构思出的孙悟空的形象会不同。但是，动画作品不同，如享誉世界的动画电影《大闹天宫》，其塑造的那个活灵活现的齐天大圣形象几乎成了千千万万国人心目中的美猴王。

影像画面既是对物质现实的客观反映，又是对客观世界的主观反映。它包含了造物主对客观世界的理解和思考。影像画面是主观性与客观性、感性与理性的统一。影像画面是以选择和安排为基础的，而不是完全地对客观世界的自然记录。它运用多种表现手段，对画面的穿透力和吸引力进行强化，从而直接或间接地影响观众的情绪和行为。在创作动画作品时，既要考虑其内容和意义，又要考虑它的艺术感染力，因为，影像画面不仅要传播信息，也要传递情感。

和电视等艺术作品相比，动画在画面表现上有着非常大的自由度。电视等艺术形式所反映的客观事物是比较直接的，一般电视画面中表现出的事物形象和客观现实相同；而动画作品不必受现实世界的拘束和阻挠，作者可以自由地发挥想象力，从而创造出一个极具奇妙、梦幻色彩的世界。不论是儿时的梦想，还是在现实中无法实现的事情，大都能在动画作品中找到归宿。

影像的运动极具魅力，而运动也最容易引起视觉冲击。马塞尔·马尔丹在《电影语言》一书中说："运动是电影最独特和重要的特征，它使电影具有了吸引观众不间断地享受的独特魅力。"首先，图像、绘画和照片之间的根本区别在于图像主要反映物体的运动，即使是一个相对静止的人物形象，其表情和眼睛也在不断变化。其次，图像和图像、镜头和镜头之间都是相互连接、相互延伸的，它将图片和镜头组合起来去反映事物的发展和变化。这种运动对动画电影来说是必需的，并不要求每幅图像在由图像构成时都是完整和均匀的，并且它通常是用不完整的图片来显示整个事物，给观众留下充分的空间去想象和重现。

影像画面的运动往往展开于两个层面，即审美和视觉。影像画面通过运动丰富叙事信息，从而强调和美化形体，而且影像画面可以通过镜头运动所产生的空间关系来自由地创造和改变故事发生的环境，它赋予了影像运动造型更多的视点和角度，所以运动造型成为动画具有独特语言和风格的元素。运动是视觉变化的源泉，为其提供动力；运动是影像画面的形式，是视觉的内容，是建模的核心。影像画面的建模更关注整个图像的视觉效果，如在同一镜头中的瞬间变化、多彩元素和组合形式。

第四节　移动

一、移动

影像艺术在时间和空间上享有绝对自由，包含被拍摄对象的运动、摄影机的运动、主客体复合运动和蒙太奇剪辑所引起的运动等。它将各种运动整合呈现在屏幕和荧屏上，被赋予了无限的视觉表现力和想象性，实现了真实世界无法实现的物质愿望，描绘了真实世界无法被描绘的风景。

被拍摄对象在空间和时间上的运动过程表现为运动的发展变化，其形态、位移、速度和节奏主要涉及运动状态和时间与空间的关系。这种人或物体在摄像机镜头中的运动叫作拍摄对象的运动。影视的视听表现对象覆盖面广泛，现实中所有可见的、可听的、占有一定空间位置的运动事物都可以成为其表现对象。人们的日常行为动作和其他对象的各种运动也是影像的主要表现对象。比如，人的衣着、食物、住所、行动和动植物的生存状态、自然界的阴晴雨雪等都是影像的主要表现对象。被摄对象的行为动作、运动状态、在画面中所占的位置、运动方向、速度、节奏等拍摄的"视觉资料"，既是动态构图的构图元素和决定运动再现的首要对象，又是影像形象的视觉因素。

通过推、拉、摇、移、跟、升降、变焦、旋转等种种运动来实现摄像机运动的形式被称为运动摄影。如今，运动摄影广泛应用于影视制作，促进了电影语言的演变和发展，促进了电影美学的新探索。运动摄影有推拉镜头、平行移动镜头、摇镜头、跟镜头、升降镜头及综合运动镜头等。随着电影技术的不断发展，20世纪60年代又出现了变焦镜头、运动镜头。摄影机运动可以创造运动感、动势、节奏、韵律，它既可以暗示、隐喻、寓意、象征，也可以叙述、描写、议论、抒情。自然界的所有事物都可以通过电影镜头直接展现出来，而且分为具象性和直接性两个特点。影像叙事的基本意义单位是镜头画面。现象学理论指出，在事物的显现过程中其本质逐渐显现出来，而其中被显现的东西，不仅是事物的意味、内涵和本质，也是画面、符号、影像。动画不仅拥有绘画艺术的色彩、光线、构图等造型性，也具有体现力量、速度、变化的运动性，它是影像造型性与运动性的恰当结合，运动的时间和空间意识在运动视觉内容的变化及特点中得到了更多地运用。

镜头运动有不同的方式，大致可以分为推拉镜头、摇镜头、移动镜头、升降镜头、综合镜头等。画面的效果是由摄影机与移动物体之间的距离和角度所决定的，摄影机与移动物体之间的距离大则代表退缩，张力减少，压力减轻，反之亦然。视觉的不自觉可以通过第三镜头的推、拉、摇、移、跟、甩产生。摄影机可以通过下降和抬起、分割和隔离、对过程的伸展和收缩、放大和缩小等一些辅助手段达到那些肉眼无法检测到的某些事物和动作。视觉无意识、强化情绪情感、恢复主观体验，这些只有通过摄影机才能了解到。在几种运动模式同时或相继使用的情况下，画面外部的运动因素大大增加，而且画面的动感和节奏感随之增强了。通过镜头运动形态的变化与合成，画面结构的复杂性也随之增加，并且画面的造型形式也得到了极大的拓展。

主客体复合运动是指在一个镜头中，人或物体同时在一次拍摄中的运动。换句话说，在同一个影视镜头中有两种运动形式。主客体复合运动可以创造出更加丰富多彩的影视时空和画面动态，所以相对于单纯的客体运动或主体运动，主客体复合运动更为复杂。这种构图方式也很复杂，为了能使观者有很强的体验感，除了组织和安排好的所有构图元素外，还必须要考虑物体和运动摄影对象的运动。为了能够产生强烈的吸引力，主客体复合运动的镜头经常是同时具有多种不同的运动形式，因为这样不仅会在流畅的物理运动中产生强烈的心理运动，还传递了丰富而复杂的信息。动画影像中的运动性既有模拟现实状态的物理运动，又有以艺术为目的构思的时空运动，而运动的想象力和创造力也通过对虚拟时空的处理发挥了出来。如何通过画面所描绘的瞬间来展示与想象有关的情景，展示出其他艺术不能展示的运动、速度及现实无法察觉甚至没有完全存在的运动？动画表现运动就致力于表现这些运动。对象运动和摄影技巧是动画所构建的运动形象的重要组成部分。运动加载情意信息，所以，动画摄影构图除了表现将对象排在幅面的什么位置上，主要是组织运动，表达美感。运动是"能"和"力"的发挥，体现运动形态、速度、节奏及其带来的变化，所有这些都构成了运动的形态美。动画运动在美的形态上表现为运动美、速度美、力度美、韵律美、变化美、情境美等。而艺术形象的美，并不仅仅是因为它本身美，而是因为它具有更为深广的意蕴，有超越自身的更多的形象性。

蒙太奇运动是指使用蒙太奇手法时，镜头衔接与变换产生的运动。蒙太奇节奏是指在镜头衔接时产生了影响外部的节奏。蒙太奇运动主要分为静态镜头的衔接和动态镜头的衔接两种情况。从剪辑的技术角度来说，衔接和转化画面最自然的方式是在运动中找到剪辑点。从艺术表现的角度来看，蒙太奇本身就是运动的组织方式，而当它与技术结合起来，运动的吸引力和震撼力就会大大增加。逐个画面的衔接构成了动画的运动，是系列形成运动的形状，虚拟的空间环境和艺术形象也是由它的造型性塑造出来的，而且造型性与运动性是不可分离的画面造型的叙事、抒情等很多功能很难实现，而这也必须依靠运动才能完成，有的更讲究镜头的力量和变化，更加强调运动性。因此，动画的造型性与运动性都遵循相同的原则，也就是艺术规律和美学法则。日本动画《最终幻想》就是一个很好的体现，它充分利用了特征之一的运动性，全面操作镜头的角度和位置，又利用蒙太奇手法加快了场面切换速度，对角色加强了动作示意线，大幅度移动背景，增强光影和音响效果，通过这些给观众带来了视觉、听觉的强烈冲击。

动画影像的运动性包括特殊意义上的心理运动和一般意义上的物理运动，不仅与动画作品的叙事方式有关，还与美学追求和艺术意蕴有着非常密切的联系。运动的描绘既有运动的人和物的形象，又有静止的人，而影像制作的关键就在于对运动的描述，而且实际的或者隐含的运动必须与主题概念相结合。影片首先是由它的主题概念决定的，也就是说，在动画作品中，即使表现静止的对象也要通过移动等镜头运动方式使画面产生运动，所以导演和设计师必须努力运用各种方法突出运动的因素，以增强影片的运动性。而在大多数时候，我们要结合运动性与情节来表现。而且，动画创作者为了显示出其中的意义，更注重通过摄影机的运动传递想法和情感信息，就像美国电影理论家劳逊说的："构图不仅仅是对动作的诠释，它本身就是动作。场景中的人物与摄像机之间存在着动态和动态的关系。"当我们在作品的某一个特定时间和空间以及一个特定的情境感受到造型的美丽的同时，也会感受到运动，而当我们感受到运动美的同时，就已经从视觉画面中看到了这个造型。动画影像必须依靠创作者的想象力和创造力来完成，它不是我们在现实生活中可以直接看到的，所以通过构思，它的运动是不同的，也会出现各种各样的形象。即使动画影像代表自然界中实时存在的事物，那也要遵循一定的必要运动规律且经过夸张和变形的。比如，在动画片《亚瑟和他的迷你王国》中，在运动流畅的前提下，创作者首先拍摄亚瑟及亚瑟的奶奶等的一些真实事迹和形象，然后再结合动画创作的规律把一些动作变形，创造出一部既有真实的人和实景，又有以真实的人和实景为原型的动画形象相结合的完美动画。

　　阿恩海姆指出："两种系统互相位移是眼睛能见到运动的先决条件，由于拖车的运动相对周围的楼房发生了位移，因为斜塔相对于云朵发生了位移，所以斜塔倾倒了。"[1]观众能感受到影像运动的前提条件是一个对象相对于另一个对象发生位移。基于这个情况，我们在进行动画创作时应注意人物与背景之间的位移。比如，在繁忙的车站站台上，又或是人山人海的人群里。比如日本动画大师新海诚的动画作品中利用位移来表现运动的画面几乎随处可见，在《秒速五厘米》中，许久不见的男女主角突然相遇，但是彼此都没有认出对方，直到两个列车车头和车尾相遇的时候才发现对方的存在，可是列车飞驰而过。此处的列车运动不仅仅阻挡了主角的视线，使两人没有相遇，更给观众留下了伏笔：两辆列车相遇后，主人公是否还在车上？可惜在影片结尾，画面中只剩下一条空荡荡的街道。

　　移动的类型和强度在从属关系方面中，阿恩海姆曾经这样描述到："除了感知运动之外，还会有视觉运动自动地指示物体来充当整个视阈的框架，从而将其他物体附着到它上。复杂的从属等级关系在整个视阈中被充斥着。比如，桌子再大，房间是它的框架；水果盘再大，桌子是它的框架等。在位移的感知中，框架总是趋于相对静止的，并且从这个框架下面的物体总是趋向于相对运动

---

[1] 金鑫. 表现在静态摄影中的运动[J]. 四川美术学院，2007（01）

的。"另外，从属等级关系对运动感知的影响也反映在物体大小、光明、黑暗等多个方面。在两个相似的物体里，较小的物体总是在运动着，如在大型科幻影片中，宇宙中的飞船相对于行星来说总是在运动中，小型战斗机相对于飞船来说总是在运动中。然而在光明与黑暗方面中，我们的视觉自然中所理解的德尔假定黑暗是因为物体是属于光明的，所以呈现的运动状态总是一些黑暗的物体，而光明的物体则处于相对静止状态。

主体框架运动也是一个必须考虑的因素。阿恩海姆指出："当主要框架也在运动时，从属于它的任何'静止物体'都表现出一种运动被阻挡的状态，或处于主动阻挡框架位移的状态，例如洪流中巨石的状态，它也是顽强的抵抗运动。"[1]我们在很多电影中可以看到这样一个的镜头，当车辆突然加速时，车内的人会向后倾，这种现象不仅是从属物体阻止框架运动的一种基本的方式，也是我们生活中的物理定律。同时，从属物体阻碍框架运动会突出显示我们所想要表达的主体。

二、移动的方向

运动能不能被看到以及怎样才能看到，关键在于被看的物体在空间和时间中的关系结构中所处的位置。同理，在运动中有一些比较具体的性质也是由空间和时间的关系结构来决定的，如运动物体的方向和速度。在一定的条件下，物体发生运动时的实际方向和知觉方向恰好是相反的。比如，风扇的叶片旋转速度不断加快时，我们会认为扇叶在往反方向在旋转；我们坐在一辆加速行驶汽车上看其他正在行驶车辆时，会就发现一些速度慢的车辆是向后移动的，事实上，这些车辆也在做向前运动。

这种视觉的误差在进行动画电影创作的时候一定要引起注意，如果没有注意到这个重要点，就会造成影像的运动缺乏真实感，从而导致观众产生视觉上的疲劳，也会让观众的审美情趣大大降低。

运动速度的感知也是有规律的，物体运动太快或者太慢，会让我们的眼睛什么都看不清楚，只有速度在限定范围之内时，我们的眼睛才能看到。比如，我们之所以不能看到子弹飞行过程的原因，是因为它的速度太快了；而我们能看见太阳的运动轨迹，这是因为它走得太慢了。动画电影的优越性源于它可以表现出那些因为速度过快或者过慢的物体的运用，在电影《黑客帝国》中，当

---

[1] 魏蕾.绘画艺术的视觉张力[J].大众文艺，2011（07）.

极快的子弹突然变得极慢时，整个世界就会放慢速度，把移动镜头做成环绕运动然后让男主角做躲闪动作就会产生一种独特的视觉效果，强烈的视觉冲击会让人们产生震撼感，原来简单的影像也能表现出来这种效果，这就是著名的"子弹时间"。"子弹时间"的诞生涌起了一股对影像运动速度控制的潮流，所以在后来的影片中，我们会经常看到这种特殊的视觉效果。

  在影像中，物体速度的变化会让观众对事物本质的感知发生变化。比如，在一些电影中我们经常可以看到这样的场景：一个人因为害怕而疯狂地在街上逃跑，甚至比路上所有的交通工具都要快。这种速度的改变也会让我们对电影本质的理解发生变化，会让我们自然而然认为它是一部喜剧片，所以超越常理的运动速度并不会让我们产生一种难以置信的感觉。物体速度快慢的控制可以产生良好的视觉效果，如果使用不当就会降低影像的画面，如在庄严、神圣的场景中如果速度过快就会导致画面缺乏震慑力；而在火爆、激动人心的场景中如果速度过慢会让人觉得缺少画面感和冲击力。当然影片的速度不可能永远都会在一个基调上，快中有慢、慢中有快的方法更能让人耳目一新。

  物体在运动的时候，我们看到的不仅是运动的物体，还有驱动这种物体运动的动力。实际上，只有当我们在感受到这种力量的时候，才能感知到物体的运动。比如，鸟儿在天空中飞舞，马在草原上奔跑，如果我们仔细观察就能够清晰地看出它们在依靠自己的肢体力量在进行运动。而在现实生活中，还有很多的动力运动是我们无法感知到的，如飞机或汽车，我们只能看到它们在运动，但不能看到这种运动的内在力量，相对于飞翔的飞鸟和奔跑的骏马，飞机和汽车的运动都会让我们产生出"呆滞"的视觉印象。在动画电影中，如果能够尽可能地避免呆滞的画面并且改变物体的运动形式，就会使影像的画面更加生动和迷人。

  数字技术的优越性主要体现在外部蒙太奇特别是在虚拟摄影机的运动方面，技术的迅速发展和成熟给视听语言和动画元素带来了新的生机与功能的提升。摄影机的调度灵活性以及运动轨迹，是传统电影拍摄手段所无法比拟的，这是一种超现实的主观性超强的夸张运动。摄影机不仅要有很大的动态范围，在构图的主体运动中同样具有超现实性和表意色彩。

  摄影机的自由性实现了影片中视点的多样和新奇，片中多次出现在运动中不断改变焦距并且模糊晕化来转场的拉镜头或者高速的甩镜头，在揭示新空间的同时创造出了独特的视觉感受。主体和客体复合运动的镜头也有很多种物理运动形式，摄像机与人体或物体一起运动的时候，比一个简单的物体运动或者主体运动在同一个电影和电视镜头中还要更加复杂。想要创建出更加丰富多彩的时空动态，可以通过镜头的组接。采用二维单幅绘制的方法可以完成传统影视动画片的制作，利用虚拟三维空间可以完成代表现代科学技术的动画，而合成技术是将现有材料进行加工达到预期的艺术效果。动画制作的方法在虚拟环境中突破了实拍的局限性，能够更加自由地处理运动。

影视动画设计制造出幽默与趣味的效果是通过对真实世界事物的某些特征进行变形与夸张达到的。动画艺术中的变形和夸张的形式是理性认识和感性认识的结合，理性认识的要求是对真实世界中运动的本质进行正确的理解，感性认识是对理性认识进行具有艺术色彩的加工，使运动可以更加深刻地反映人物的性格特征及其剧情环境的氛围。

第五节 声音

一、视觉和声音

从生物学角度来看，人的视觉和听觉是可以感知的生物属性。人类的视觉和听觉都需要用感觉、感知系统判断，即听觉器官和视觉器官处理适当的能量形式，它们都需要去接触能量形式以及自身传递出的能量，不然这种感觉就不会发生。声音的能量是随时都在的，无论是白天、夜晚、阴天、雨天、雪天都在，而视觉的能量就会挑剔得多。在本质上，视觉感知的时间和方式完全依赖于环境。在一个由视觉文化主导的大众传播时代，视觉符号正在或已经超越了语言符号转而变成文化的主要形态。那么，听觉作为人类"天赋权力"的自然力量，是否能在视觉传播语境下获得与视觉一样的地位？在视觉文化主导下，声音的使用会有哪些特点？怎么可以充分展现它的功能？一个有声音的文化产品是怎样体现它的特征并且可以创造出特有的审美价值？笔者以上海电台新闻频率纪实节目《声音档案》为主，辅之以其他的案例，结合了自己的工作实践和经验，借鉴一些文化传播的相关理论，思考和梳理了相关的内容和问题以期待视觉作为参照坐标，寻找一种观察的角度，去探究讨论由视觉文化主导的生产环境下实现声音产品最大价值的途径。

人们会经常注意到声音，是因为注意到能够发出声音的物体，如手表、钢琴、车辆、演讲者、狗。此刻，声音就有了指代的具象形式，它不再只是声音的本身，而是一种我们可以感受到且可识别存在的东西。但是，声音在本质上是不能被称作"东西"的，因为它只是一个过程，没有具体的物理形式。声音是一种可以用来表达的形式，与人类的意识相联系，充满了多样性，是可以被我们感知、使用、给予、解释的。从声音是一种表达方式的意义来说，它是三维的、多功能的。

以上海电台《声音档案》节目为例，编导在制作《寻找沱沱河》节目的时候，将 MD 机器保持着开启的状态放在岸边，不做任何机器位置调整，录制几小时的大自然声音的素材，此刻机器记录的声音是在自然状态下客观保存的。在这个声音片段中，机器不仅会记录物体撞击河岸声、风声，还客观录下了很少被关注的流水声，这些珍贵独特的声音是可以被感知的，它与耳朵之间的关系是真实存在的。

比如，制作"《申报》创刊 140 周年暨史量才接办《申报》100 周年"节目时，因为涉及了史量才被枪杀的史实，当时，笔者能够获得的史料是不能在媒体上播出的书面材料，因此，笔者着重研究了历史研究学者的声音，还借用了当时同情境的音响史料，如手枪声、奔跑声、狗吠声，而且对客观真实进行了情景再现。这些声音在本质上是一种修辞，一种劝说的方式，是讲述"说服"历史事实和表达作者主体意向的手段。

声音不仅区分了物体、画面、物种和自然景观，还区分了不同的群体和圈子，即说方言的人与说普通话的人、听不同类型音乐的人、在不同岗位工作的人、看不同书籍的人……声音似乎已经成为我们身份和地位的象征，成为我们被不同群体接受和拒绝的理由，成为传达财富、声望和与其他人相区别的信息。

二、视觉文化背景下的声音使用

（一）视觉与听觉的关系

耳朵是我们长期忽略的感觉器官，这个听觉"装置"虽然可以用来接触声音，但实际上也隐含着人类与世界的融合，这种人类与世界的融合也是视觉文化所缺失的。相关的文化研究人员指出：视觉不同于听觉，首先，视觉是可以连续的，听觉则是一瞬间的，随着声音的消失任何听觉迹象也会随之消失。由此，可以得知，视觉是要求控制和把握的，听觉则是要求一心一意去听，意识到所选择的是对象一瞬间消逝，并且向世界开放。其次，视觉是距离的感官，听觉是为了适应距离而不是为了缩小距离。视觉更多的是有疏离感的器官，而听觉更像是一种联盟。

匈牙利电影理论家贝拉·巴拉兹分析了电影中的声画关系后，指出："一个空间里一点声音也没有……在我们的感官中它永远不会是具体或者是真实的，因为我们看到的仅仅是一个视像，所以我们觉得它不是物质的、是没有任何重量的。只有声音存在时，我们才能把可视空间看作真实的空间，因为是声音给了它一个有深度范围。"由此可见，视觉和听觉并不是孤立或对立的，只有两个要素相结合，现实的具体感知对我们来说才是完整的。因为人类是用符号进行交流和解释拥有与生俱来象征意义的一种动物。说话声、音乐、音响、环境声以及无声响的各种声音，通过人的意识都可以建构，可以使用手段达到视觉化的效果，从而获得具有象征意味的某种生命形式，并强烈再现和有力地呼唤人们对世界细节的重新认识。

（二）声音在当下的几种使用

1. 强调听到而非聆听

"听"是由两个层面构成的——动作和结果，即为"聆听"和"听到"，前者不仅是带有主动性的，还是心理层面的，需要我们结合情景、氛围等要素，这是一个过程；后者是重构后和选择的产物，它可以带有主观色彩，是一种结果。

现在的声音产品强调的是与声音"遇见"和倾听。比如，海豚发出的独特声音被《声音档案》的编导记录下来。与此相反的是，如何利用声音去吸引听众，吸引耳朵的参与，培养出一种"约会收听"的意识，声音便成为一种策略和艺术，但是这个策略和艺术还没有得到足够的重视。

2. 强调震惊而非经验

麦克卢汉曾经指出："为了要吸引眼球，有必要提供离散的、固定位置的刺激，而这种刺激必须面向人脸；反之，声觉信息可以从任何位置到达耳朵。"[1]正是由于存在大量的声觉信息，我们会被听到和被注意到，就必须带有一种令人震惊的感觉，让耳朵成为一种人为的觉醒而不只是经验之谈。比如，《中国好声音》设置的导师背对选手的评判方式就是对声音震撼的体验；它打破常规，给予听觉感知机会，打消视觉的先入为主的观念，正是因为这种声音的震撼与我们的原先视觉印象相反，所以很快获得了人们的关注，收视率很高。

---

[1] 刘静. 审美视域下的多伦多学派媒介思想研究[D]. 鲁东大学，2017.

三、声音产品审美价值的追求

人类对物体或者艺术作品理解的心理反应就是审美,它是通过各种象征形式来建构和传播文化产品的意义。声音产品和影像产品审美价值的实现,都会与产品文本的实际创作情况、对产品文本和自我的认同理解程度的深浅、作品和观众的审美期望具有的一致性以及观众对创作者意图的认同程度等有关。声音产品只是为了实现相同影像产品功能的听觉符号,我们要从平面上扩展这种符号结构,利用多种途径和手段提供基于"声音"的特有的信息结构。

(一)听觉元素奇观化

1. 展现与表现

声音是一种区分手段,在特定语境下是一种个性化的标签。声音"展现"包括客观的声音资料录放和真实的追求,声音"表现"是一种基于现实的创作手段,也是神奇的建构,两者的共同作用在于创造奇迹。比如,在《相约星期六》中,女嘉宾是戴着面具出场的,只能听到声音却看不到样貌,此时观众的好奇心被充分调动起来,而真实人物形象得以展现时,声音与形象之间的角力空间产生了作用。

2. 仿真与放大

一方面,为了让观众接受并记住作品,文本需要反映形成共识的审美元素;另一方面,由于艺术与艺术家天生的反逆精神,所以需要解构共同的审美共识。这是艺术家控制文本的形式的反作用,如此才能形成作品的张力,形成间离效果。也就是说,文化产品通常会形成一种博弈,可以是在特殊与普遍之间,也可以是在历史性的独一无二和一般性的普遍之间。倘若文化产品没有普遍性的支持,可能只是对某些特殊事件和特殊经历的简单记录,我们应该更多地注意到声音产品,让"声音"元素站起来,模拟与放大有时是必要的手段。

萨特曾经说过:"真相就像是在驴头前摇曳的诱饵,驴子永远无法得到它,但会引诱它向前。"越来越多的研究人员认为,应该重新定义"真实"在文学与艺术中的方式,而不是回避,由此看来,虚构可能更真实,因为真实与虚构不清楚。艺术中的"真实"是对现实的反映,我们都生活在这样的现实中。

为了强化节目的主要意义,改善听众的体验,创造节目的审美价值,可以通过声音的放大策略让声音立体起来。比如,《时光之声》节目中,记者将音效放大处理后的海鸥相机快门声和上海牌手表秒针转动时的声音串联起来,并运用对比手法使两种声音相互影响、相互建构,唤醒听众的集体记忆,刺激听众听觉系统重新启动。

（二）声音元素亲近化

在20世纪前50年，无线电广播创造了一个媒介发展史上的被广泛接受的奇迹，在同一时间的不同地方有成千上万的人对从一个"小盒子里"发出的声音带有对宗教般的虔诚，他们认可这些声音，因为广播中那些亲近的声音给听众接近家的感觉，而这种感受足以使娱乐和政治关系发生革命性变化。正因如此，丘吉尔、罗斯福、斯大林及希特勒的广播演说成为统治政治的一种有力工具。

所有的声音产品都是通过产品与受众之间的交往产生的，当它以各种符号形式呈现的时候，它的审美只能通过不同的语境被受众所感悟与承认。因为这里有一个难以解决的问题，即语境是不断变化的，当然受众也存在着差异，完全消除差异是不可能完成的任务，但是尽可能地减少差异是有可能的。所以，声音产品可以通过寻求亲切感的手段，来帮助受众了解他们的平时生活，来共同建构一种体认。

（三）消费过程主体化

不可否认，所有的艺术形式都有着遗憾的空间，就像录音，尽管它是表现创作者意图的手段，但是就声音本身来说，它的语境被剥夺，原本的意义在录音中也就体现不出来了，所以录音也是一种有限的记录。由于艺术作品是先从作者出发，然后才到观众的，所以审美会有两次能量变化。首先是作者通过生活的磨炼总结出来的情感能量，然后才是由大众传播的，是艺术审美排斥近距离的直接泣诉，是将情绪能量转化成为文本形式，以媒介符号的文本与受众对话，进而以文本形式的能量使受众受到冲击。那么声音作品怎样才能够以文本的方式让人们看到它的意义？关键是要创造一种值得倾听、代入的可能和可供认同。

所有的消费行为的目的都是满足人们的需求。任何一种文化消费行为，制作人对文化的付出和期待都需要得到回报，所以受众的审美空白都需要被填补。这就是为什么"播客"前几年被广播爱好者追捧的原因，因为他们可以通过这种自我发声行为来让广播媒介的神秘光芒消失，并且获得了一种主体心理满足，产生了"我也能""我也是"的共鸣，这个时候"播客"的声音就成为主观的传播媒介的工具。这一现象的意义就如同文化研究学者菲斯克在研究电视文化时指出的：在电视文本中存在着各式各样的社会代理，他们每种代理都代表着现实世界中的某一个意识形态因素如阶层、性别等。这些代理的组合，在电视中使用，让它们相互支持，从而为观众创造一个场所。就在观众占据这个位置时，观众就与电视合为一体。当观众占据这一个位置的时候就得到了认同感，展现出了观众们主体性的存在：这一叙事被我们接受之后，我们就成为"我们"。

而且，不管什么类型的受众，都有一种独特的文本接受模式，他们往往倾向于建构一个特殊的阐释共同体，来拓展对文本的体验。当前的视觉文化消费现象表明，因为大多数消费者在事前已经有了一个不设防的假设，而且在他们这个不设防的假设中就存在着真操纵和欺诈的可能性，如"摆拍"和"补拍"，所以他们更加相信亲眼看到的照片。由此观战声音产品的生产，既然受众接受一种没有意识的预设，那么声音产品就应该想办法超越这种预设，出人意料，如增加审美价值，从而达到令人震惊的审美体验。

我们可以从物理学家那里得知，声音的本质其实就是震动，声音和空气是伴随存在的。但是我们又从哲学家那里得知，我们人类是可以进行选择自由的生物，换句话说选择的主体权力是伴随着我们的存在而存在的。从这个意义上来讲，我们能够真正听到的声音其实就是我们自己主动选择的声音，而这些声音恰好是与另一类声音是相互隔绝的。因此，声音就是成为唤醒耳朵的形象而存在，让声音可以有更多被选择的机会，而"听声音"就成为一种有意义的过程，使受众的主体可以获得圆满的成功和理解上的满足，通过在听觉上的创造性使这些声音产品得到广泛且有效的传播。

在日常生活中保持日常的聆听和聆听的自觉，对于所有的人来说是无疑是具有收听权力与官能的最好态度和立场。

四、音响心理

为了更好地驾驭声音、调控声音、评价声音就要学习有关的心理学现象。声音信息的感知和分析、接受和传导过程分别被规划于不同的范畴，前者属于心理声学范畴，后者属于生理声学范畴。通过声音会折射出心理活动，如果从音响美学角度进行分析，它是一种对听音感受、认识的审美过程，人属于欣赏的接受体或者说是欣赏主体。

音响在艺术作品的展示中发挥着重要的作用，它是进行展示的媒介、载体和交流语，会使人们产生各种不同的感受。声音产生的效果会对听音感受产生不同的影响，而声音的完美程度取决于声音是否真实、是否优美和谐等。实验发现，如果将人的心理声学效应发挥到淋漓尽致，会达到意想不到的效果，心理声学研究的是物理、医、声、心速、电声、美学等多种学科的交叉联系。早在电声技术出现之前，一些欧美国家就十分重视心理声学研究，因此音响技术人员发现了大多数的心理声学效应。目前，我们所知道并引用的心理声音效应都是西方人研究出来的。因为中国人与西方人的听觉器官不同，所以西方的研究不适合我们。所以我们要研究属于我们的乐理，在心理、声学、自身心理、生理等方面更好地认识我们的声音，从而创建属于我们的独一无二的声乐。

心理学研究表明，感觉、知觉、记忆、思维和情绪是我们对声音的感受过程。音响的效果是由表及里的过程。声音感官刺激属于表层感受，里层感受则是通过声音带动。由于音响放送的声音各不相同，因此人们的感受各有千秋，以至于产生不同的结果。笔者认为，由于人们心理活动异常复杂，究竟是哪个物理指标会使听音者产生里层和表层两种形象目前还没有结论。

现代的摇滚音乐等适用于表层形象的产生；而里层形象适合于交响乐、轻音乐等。严格地说，要想真正感觉到艺术美，就要涉及里层和表层，这就要求音响它必须做到音乐的形似与神似，但是真正能够做到这两点很难。

20 世纪 70 年代，激励器被美国人研制出来，它利用心理声学效应，改善了声音的音色、穿透力、空间感。

谐波发生器是最基本的激励器，它把一部分声音进行谐波失真处理，再将声音信号与之前的声音进行混合。激励器之所以能够对改善音色有很大效果，实际上就是根据谐波失真的原理。

据研究，奇、偶次谐波不同、波长不同，造成的影响也不同，比如，电子管音色比晶体管音色要好，就是因为偶次谐波与奇次谐波产生的影响。

现代激励器都在增加偶次谐波，使得音响系统得以补偿和恢复偶次谐波，从而使音色得到大幅度提高。

在现实情况中，两个声音共同发声时，其穿透力强度可能不同。据研究，人们对高频谐波十分敏感，当声音含有高频谐波成分时，就容易激发听觉并感受、提高声音的穿透力。

新型激励器增加了环绕控制的能力，这个环绕控制力运用了劳氏效应，对调节声音的立体效果、拓展声音的空间感很有帮助。

比如，人们发明了可以处理单声信号的假立体声系统，使声音的放送更具立体感。假立体声系统是根据劳氏效应理论创立的，取出信号、延时、反相、叠加就是劳氏效应的原理。激励器就是通过控制劳氏效应中延时反相信号之间的比例来提升空间感。

在表演中要减少其他声音的干扰，才能充分突出表演者在舞台上的声音，我们可以利用以下三个心理声学效应来解决其他声音的干扰。

第一，掩蔽效应。所谓掩蔽效应，是指只聆听一个声音，隐蔽舞台上其他方向不需要的声音。隐蔽频率越接近隐蔽声时，隐蔽量越大、压级越高，一般低频声容易掩蔽高频声。例如，在音乐还在进行的时候，人们感受不到噪声的存在，但当音乐停止时就会感觉到音箱发出的噪声。

声学理论表明，扩声压级大于干扰声压级十五分贝以上才能掩蔽无用声，无用声的干扰将会使有用声无法被听音者听到。

第二，哈斯效应。它是指两个声源不同时出现，延时不同，听者的感觉也会不同。延时低于5毫秒，听音者向先到的音箱偏移；延时在5~35毫秒内感受到先到达的一个声源；30~50毫秒内，可感觉到有滞后声源。这个效应显示出时间差与方位差可以相互转化。为保证声音与表演的方向一致，我们要将非舞台区域音响的声音延时。

第三，德·波埃效应。德·波埃效应是双声道放声系统，其主要内容是当音量差与时间差的差值不同时，声像的移动方向也就不同。

德·波埃效应告诉我们，音量差可以转换成方位差。比如，在调音台上的声像调节按钮可以调节声像的空间分布，向左转声源在左边，往右转声源在右边，在中间则表示声源在中间。

拐点（Knee）指压缩器（Compressor）、噪音门（Gate）限制器（Limiter）、扩展器（Expender）等捡制含有放大器增益发生变化的阈值（Threshold）点。

过去的设备都是硬拐点，就是声音信号小于、大于一定程度之间的增益曲线，从一个数值立马跳到另一个数值。经硬拐点设备处理后的声音，人们听起来不舒服。

软拐点技术将声音信号从一种快速的增益变为逐渐过渡的过程。软拐点技术是现代声音的标志。

软拐点技处理过的声音都比较自然，人们很难觉察到这种改变。为什么软拐点不易察觉呢？这得从人们对声音的接受心理说起，这个过程包含条件反射与外界刺激的关系。如果刺激是一个突变过程，非常容易被发现；如果是缓慢过程，就难以被发现。巴普洛夫经典条件反射实验就是将青蛙扔进超级热的水中，它会感觉到热并立马跳出来，但放进凉水慢慢加热，青蛙不会跳出来并会被煮死。软拐点就是利用这个实验原理。

软拐点压限器在接近阈值时就已经有少量压缩了，越接近阈值，压缩越大。压缩后的声音压抑感并不强烈，所以我们很难感受动态变化。

噪声门在接近阈值前就已经被打开了少许,越接近阈值,门开得越大,直到全部打开为止。烦躁的开门声被消灭就是因为开门是个渐变的过程。

软拐点技术也会在日常音响调音时使用。但是,在调音过程中过快和过慢的提升或衰减音量和频率都不行,因为过慢难察觉过快易发现,所以为了使人感到舒服和达到艺术效果就要在推、拧旋钮时做到动作舒缓。

等响曲线也被称为等响度曲线。因为《音响技术》一书对等响曲线有很多的介绍,所以专业的音响工作者对等响度曲线很熟悉。所谓响度是由强度和频率所决定。当强度增加100倍时,人耳感觉到的响度仅仅增加20分贝。对于声强来说,若超出1 000~4 000Hz这个范围,它的响度会随频率降低,直到在此范围之外。

以上反映出等响曲线是非常重要的心理、生理曲线。不管频率怎么变,压级怎么变,人耳对它们的感受是一样的,这就是等响曲线的由来。曲线上的数字,被称为响度单位。当音量较小时,人们感受微弱;当音量较大时,无论在大低音还是小低音下,人们都非常敏感。

用人耳作为听音调节频率均衡器,音量不同,结果也不同。放音时,音量越大,感觉越强;音量小时,感受力不足。所以,使用调整均衡器是必不可少的,否则会引发各种问题。

音频放大器具有等响控制功能,它对改变人耳对于低音和高音反应迟钝的问题很有帮助。但是,放大音量时它不管用,而音量关小时,控制电路能将音量加以提升。由于人耳对音量大时的低音和高音比音量小时的感觉好,所以听音时音量大比音量小更适合人们。响度控制相当于音量控制器,无论音量开大或关小,它都能改变响度,但音色并没有变化。

音量与振动强度有关,与强度大小无关,是人们对声音产生或大或小的感觉。音量小时,功率量值变化小,音量变化大;音量较大时,与前边正好相反。功率与声压级增加倍数相同,如功率增加10个分倍,声压级也增加10个分贝。

结合听觉特性,指数型的电位器被大幅度应用。这种电阻随电位器音量的减小而减小,音量变化较大,但当电位器音量较大时与前者正好相反。

音调与频率成指数关系。频率量值随频率降低而增大,音调随之变小;当频率较高时与前者正好相反。因此,通常用频率表示音调,且频率与音调变化相同,频率增大,音调也增大。

在相同强度下,不同频段对声音的辨别力也不同,一般是中频段比高、低频段灵敏,这是由等响曲线得出的结论。

音响技术体系的建立取决于人们对音量和音调的感受。分贝和倍频程等就是很好的例证。分贝是贝尔的 1/10。电功率增益与声强的量度单位关系使用分贝，频率的增加量与音调的量度关系使用倍频程，各频点与倍频程之间的关系就如 31 段均衡器的频点与 1/3 倍频程。

易被忽视的就是心理声学，但是它的作用极大。通过心理声学的一些基本的现象，就可以知道它的重要性，所以我们千万不可对其掉以轻心。

五、视觉和听觉的关系

当视、听被同时呈现出来时，先对视觉加工，随后对两者同时加工。不可否认的是，积极情绪会促进对两者关系的判断。当二者发生冲突时，声音韵律比语义准确。

在我们平常的生活中，情绪信息可通过听觉、视觉通道传递。我们可以根据持续整合来自多个感觉通道的情绪来理解对方的情绪状态。

Logeswaran、Bhattacharya、Paulmann 和 Pell 发现，音乐的情绪信息会影响被试对面孔的认知加工和对面孔表情强度的评估。并且，音乐种类不同导致人们情绪变化不同，欢乐风格的音乐产生的波更大，对有情绪的判定要比对无情绪韵律伴随的判定更高。

听觉通道信息的加工与视觉通道信息加工相互影响。当表达的辅音与听到的辅音不同时，被试会报告会将两种辅音整合起来，但是后续研究发现，也可以理解为视觉信息对听觉信息在情绪加工上的影响。

由此看来，好多学者都比较关注视听信息在加工中的现象比较。有研究发现，视、听信息的整合不受资源的约束，虽然前人在对韵律情绪与面孔、视觉情绪词关系判断和声音性别与面孔性别关系判断方面取得了好的成果，但还要进行进一步的调查与探究。

研究中的情绪信息主要通过声音韵律表达。而人们在现实中的情绪信息会在语义和韵律的共同作用下表达。然而在日常生活中，会发生二者不一致甚至发生冲突的情况，幼儿对其判断是偏向韵律线索，说明韵律线索具有早期加工优势。而廖庆燕发现老年人对语义信息的判断更加自如，年轻人则能对二者进行同等加工。据研究，随着年龄的增长人们对语言的掌握越来越丰富，对情绪类语言的储备也越来越丰富，在认知加工中语言标签也变得极为重要。根据假设，语言标签对认知加工的调节速度快。语义线索与韵律情绪相比，前者更具备这种速度优势。假设二者发生冲突时，成年人会更依赖哪种线索现在还尚未清楚。

第三章 动态影像的应用

第一节 电影中的动态影像

一、电影片头的概念

20世纪初,动画电影和实验电影带动了动态影像的发展,所以我们可以通过电影的故事情节来找动态影像的发展历程。1950—1969年,索尔巴斯设计出《西北偏北》《八十八天环游世界》《精神病患者》《七年之痒》《金臂人》等动态影像,成为电影动态片头字幕的开端。电影的片头设计往往充满运动感,也很有故事性,已经成为电影的一部分。

电影片头是运动的字体设计、版面设计、影像并融合音乐的综合艺术形态。好比一本书的封面,电影片头是影片最先呈现给观众的一组画面,除了介绍演职人员之外,能让观众在短时间内了解到影片的风格。

二、电影片头的构成要素

文字、图像、声音是电影片头的三大元素。

图像本身可以传达一定的内容,它是动态影像设计中的重要元素、基本表意语汇。因为各图像素材来源并不相同,所以被分为静态与动态图像、像素与矢量、生成与实拍。

电影片头中,文字的存在时间是有限的,有时会出现观众还有没分辨清楚就已经消失了,因此,文字的设计感与字体本身、文字的运动方式、时间相关联。换句话说,文字的运动方式与文字形体同等重要。

声音主导着动态影像设计,即使它不被包含在设计的范围内,但对于动态影像设计来说,声音是唯一依赖于时间而存在的设计元素。

在电影《桃色血案》的片头中,设计师用白、灰、黑三种冷色调和矢量图形,设计出尸体被肢解的图像,暗示了影片是以凶杀案为背景,同时营造出了惊悚的氛围，将观众拉进了影片的氛围中。

电影片头是最能体现电影制作者水平的内容。从最早的影片，到如今的3D、4D电影，电影的片头、片尾都使我们震惊，因为动态影像与电影结合得非常恰当。设计墙融合实景与动态影像，呈现了一个亦真亦幻的世界。

三、电影片头的历史概述

（一）早期实验性阶段

早期实验性的电影片头的文字都是用来对版权进行保护的。

（二）无声电影阶段

无声时期的电影并不意味着没有声音，只是受当时技术的限制，电视除了人声和音响之外，都要用文字显现出来。无声电影阶段结束于第一部有声电影《爵士歌王》的上映，电影中的内容较少以文字的形式出现。

（三）工作室阶段

专门制作标题卡和文字的工作室——PacificTite and ArtStudio 成立于1919年，随后，各个工作室对标题的设计进行了互补，有了很多新鲜的尝试。

（四）设计师阶段

索尔·巴斯、莫里斯·宾德、帕布洛·费罗和理查德·威廉姆斯等标题设计师在1950至1959年间通过对片头进行个性化的设计，确立了自己在电影界的地位。

（五）标志阶段

将标志作为视觉象征的开端是电影《德古拉》，标志可以用在电影片头、海报、录像带、DVD包装上。比如，妮娜·撒逊在《星球大战》、查德·里森在《蝙蝠侠》、韦恩·菲茨杰拉德在《教父》中设计的标志图像都深得人们的喜爱。

（六）当代设计阶段

1991—1999年间，复杂难懂的片头基本已经被遗弃，《时代周刊》将凯尔·库伯为《七宗罪》设计的标题评为设计革命。电影开始4分钟后，影片的人员信息和标题以印刷图案纹理字体呈现，打破了传统字体加上背景音乐的模式，所以说这是一件后现代主义的艺术作品。

四、片头设计发展规律

（一）片头在不同设计风格中的成长

《沿稽脸的幽默相》的片头通过一些直线、斜线、螺旋形的图案来呈现出完整标题，如后来的电影《异形》的片头字体设计就借鉴了这部电影。《金臂人》《迷魂记》《西北偏北》等影片的片头设计根据抽象几何形式和包奈斯式的现代主义设计给观影者留下了深刻的印象。

另外，文字与实景的结合形式成为片头设计普遍存在的现象，如《我的高德弗里》《堕落天使》的片头设计借鉴了这种形式。

（二）片头设计逐步走向稳定，设计美学也在有所转变

在无声电影时代时，沃尔特·安东尼在设计《猫和金丝街》时，首次将文字设计搬入荧屏，这种设计在当时成为主流。此后，设计师大都因为为电影设计标题而闻名。比如，在快切和定格动画等各种技术方面非常娴熟的帕布洛·内罗毕就是通过动画商业广告的经验，使电影《奇爱博士》的片头画面都被手绘文字占据了，这些文字被拉伸或挤压在一起后与动画产生了强烈的对比。

20世纪60年代，由于片头制作时间长、成本高，且与情节联系不紧密，直接导致一些设计师的终结。这使片头设计师不再以自己为设计中心，而是把设计变得更加简洁明了。

随着科学技术的不断发展及各种数字特效的广泛应用，片头设计在对主题的诠释和艺术风格的定位方面变得更加准确。为电影定下整体艺术风格和主题的片头设计会在历史的长河中留下光辉的印记。

五、索尔·巴斯早期作品中的动态设计

索尔·巴斯因其极强的绘画技术及丰富的设计经验成为著名的平面设计师，成为电影动态片头的鼻祖、Google 首页设计师。索尔·巴斯在为影片进行片头设计时，包括他前期的作品总是通过使用生动活泼的动画人物的形态动作来展现影片的主题，正是这种大胆的创新使单调乏味的演职人员名单也成为影片不可缺少的一部分。这种创新深得观众朋友的喜爱，被不少国家借鉴。索尔·巴斯说："对于普通观众朋友来说，电影的开头只是提醒他们还有三分钟就进入了电影的主题内容，还有三分钟可以尽情享受爆米花。但我想通过对电影片头的设计使观众朋友们快速进入电影情境，而不是对电影人名单有想要快速掠过的冲动。"

索尔·巴斯不断学习，将艺术符号与电影相融合，将艺术符号与图形的剪影效果融合成为自己的设计风格。

近年来，随着世界的进步，动态影像设计通过各种技术和思潮的介入变得愈越来越综合化、多元化。当前的动态影像发展形成了自己的产业链，在电影片头片尾、广告视频、交互设计、游戏等方面都有应用。

动态影像设计经常出现在我们的生活中，然而许多人对其概念还是不懂，如果要认识并且辨别动态影像设计，就要对它的定义、特点、发展及应用领域有所了解。

（一）动态影像设计中的动态设计要素与构成形式

　　缩放、位移、旋转、变形、变色都属于动态影像设计的要素。

　　缩放指体积、面积的放大或缩小；位移是最重要的表达方式，指物体位置和方向的改变；旋转指按特定轴进行旋转的运动，旋转有 X、Y、Z 三个轴；变形是最复杂、最具探讨性的基础动态之一，变形最能体现物体的细节，它记录并描述了树枝的摇摆、人物的行走、动物的跳跃等在最短时间内物体的形及轮廓的变化；变色是影响视觉的重要因素，它多用于背景的动态设定，如果把它作为主题图形的动态，它会产生非常特殊的超现实的感受。

　　方位、方向、聚散、组合构成动态形式。要对动态从"记录"到"模仿"到"再创造"进行多次理解，是因为动态有太多的方式，最重要的就是"记录"，用摄像器械等记录动态的过程。那么需要符合怎样的形式美原则才能创作出美的动态呢？一是像重力、弹力等写实的自然法则，二是节奏和韵律，三是一种整体协调的和谐关系；四是将不同动态改造成统一的感官，这样就能使主题更鲜明，视觉效果更活跃。

　　方向是最基本的影响因素，它适合对位移运动进行组合。运动方式有有序的、无序的、方向相同的等，运动不同所产生的美感也不同，如有序的方向显得整齐美观且有美感，而无序的运动则恰好相反。

　　聚散和分合以一点或多点为中心，包含离心式、向心式、同心式、移心式、多心式等多种形式的发射、扩散、运动，这些方法都是运动设计主要的研究对象。

　　2. 索尔·巴斯在早期电影片头设计作品中的动态设计表现

　　以索尔·巴斯对电影《迷魂记》和《惊魂记》的片头动态设计为例做简要的分析。

　　《迷魂记》的片头以一个非本片演员的面部特写镜头作为背景画面，通过五官的变换慢慢出现字幕，直到女人的单个眼睛出现，从瞳孔射出红色的电影片名，之后便是一些螺旋形图案，最终是以一个瞳孔的喻象图回到了该女人的眼睛。将影像与字体结合，再加上悲哀的电影配乐使观众立刻进入紧张的电影情景中。索尔·巴斯就是用圆形人眼图像和旋转画面结合，营造出一种奇幻的视觉效果，给人一种视觉上的引导，如图 3-1 所示。

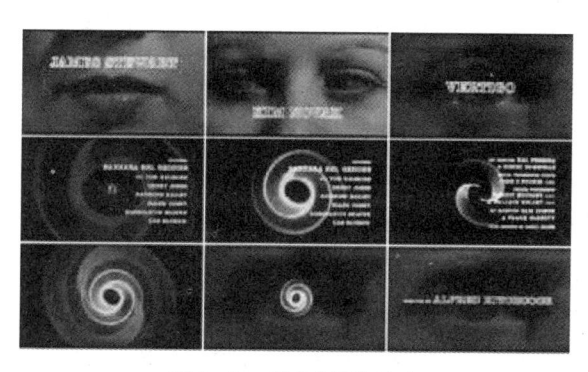

图 3-1 《迷魂记》片头

电影《惊魂记》的片头设计如图 3-2 所示，看过电影的人都对电影的片头印象深刻。几何线条互相竞速，文字排列精准呈现凶手扭曲的心理状态，以至于营造一种压迫视觉的焦虑感。虽然这部影片在几十年前就已经出现在荧幕上，但是现在看来仍然很有创新特点。

索尔·巴斯电影片头设计的另一个特点就是将外在意义和电影的内容相结合，由此可以看出来他对电影本身和设计创新的重视。观影者从电影片头中就可以生出无限的兴趣，它所放映出来的场面，是为了更快地将观众带入其中，让他们带着好奇心进入影片中。

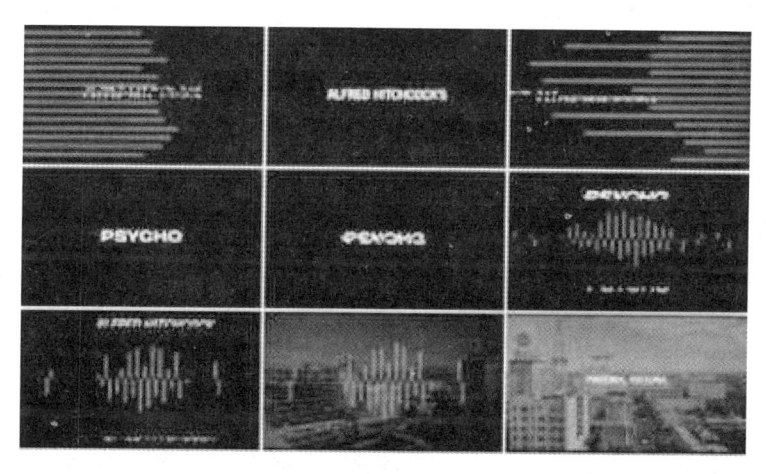

图 3-2 《惊魂记》片头

第二节　电视中的动态影像

一、电视网络设计的必要性

电视凭借其广泛的影响力成为人们生活中的一个重要休闲、娱乐设备。伴随着大众传媒的不断发展，曾经单一的节目满足不了观众的要求，为了满足观众的要求，电视台也不断扩大节目的种类和频道，节目类型也逐渐增多，观众可以选择自己喜欢的节目。伴随着频道、节目种类的逐渐增加，后期工作任务逐渐增大。以前的电视节目是将各种类别的节目根据相应的程序和规律来操作，然后对每个频道节目做出最后的整理归纳，这种人工操作较快捷简单，但它不会对观众的需求进行考察，也不会对每个频道的每个阶段的节目收视率情况进行解析。

近年来，电视广播各单位和各频道之间的竞争愈加激烈，广播单位不光要做好节目播出工作，而且要合理快速地整理出节目的内容及信息，重视和加强数字管理上的资金使用，每个部门派专业的人员操控栏目。

在网络和计算机被广泛使用前，电视栏目一般是让总编辑室的专职人员来操作管理的，他们按照频道和时间对所有频道的节目列表进行分类和编辑，打印汇总后的节目清单报告上级部门部审核，广播部操作人员根据审核后的节目清单上的顺序在广播系统上编排节目。这种比较杂乱的工作流程效率低，且极易出现差错。随着互联网技术的不断成长，电视作为一种传统的媒介，尽管受众非常广泛，但它逐渐显现出分众化这一特征，其中，播放类别和时间长度是影响节目收视率的一大因素。在日益激烈的竞争中，电视台要了解每个时间段观赏者的特点来对节目进行安排，以达到吸引了观众、提高收视率的目的。

随着计算机技术在工作和生活中的普及，它在各类行业中所起到的作用越来越大，将逐渐取代传统手工操作的方式，不仅提高了工作效率和精确程度，也为人们的工作和生活提供了便利。

利用计算机来操作电视广播，比手动操作要准确得多，既减少了人工数量，又能确保了数据的安全度。比如，利用数字电视节目操作系统，既可以减少人工纸质存档的不方便，又能提升数据库的存放空间，避免了纸质存储的杂乱，而且在数据的增减修改等操作更加便利，操作难度，提升效率，最终实现节目的数字化和信息化管理。使用人工管理的方式不能适应如今大数据的社会，在节目数量如此多的今天，人工管理很容易出现错误，影响范围很大，不利于如今数字电视的发展。在很大程度上提升了对数字电视节目的管理效率，使管理更加流程化和简便化，使用简单易行的算法处理大量复杂的问题，这是该系统的优势，也是开发该系统的意义所在。改进现有的管理工作流程，工作人员可以在系统提示下完成节目和广告的上传、下载和查询等。

在我国，SMG是比较早应用媒体资源管理系统的公司。SMG公司使用的系统可以将工作中需要用到的一些流程及资料整合到一起，形成一个数字化办公平台，将节目上传、管理、审核及播出等功能整合起来。

该公司使用数字化平台对电视节目进行管理，充分整合了台内所有媒体资源。对媒体资源进行了优化管理和逐级审核，可以很快查询库内所有资源，短时间内对各媒体资源进行有效分析，实现了利益最大化。

IBM公司在中国媒体资源管理刚开始起步的时候，就在全世界大力推广其研发生产的数字媒体管理系统，并于2000年初把这个系统推向中国市场。

2001年，IBM公司与中国电影资料馆一起研发了媒体资源管理系统，这个系统使用行业内的前沿科技，凭借其优势成为第一个进入国内媒体资源管理系统外国公司，并受到了中国电影资料馆的好评。与此同时，在IBM的科技帮助下，上海广播科学研究所为上海电视台研发了一套音像资料系统，国内外许多公司也提出了一些在媒体资源管理问题上的解决办法。当时国内就有这样几家公司，如索贝公司、创智公司等，都陆续推出了几款基于媒体资源管理的系统。这些都表明当时我国广播电视行业都开始关注并使用媒体资源管理系统。

在国外，Digital TM公司研发的节目管理软件一直被许多公司作为首选。由于该软件本身符合媒体资源管理的操作准则，所以许多公司效仿它的功能，研发的软件也能适用于管理、加密和解密、备份等多种功能。

索贝公司研发的节目管理软件已经在我国被普遍使用。这种节目管理软件主要面向电视节目播出单位，是一个具备宽口径的媒体资源管理系统。这个系统不仅能记录和备份音频和视频，还能有效管理其中存储的数据，快速查询需要的资料，播出、删除、修改等操作也非常方便，还解决了长期占用空间问题。

这个系统的研发结合了Sobey公司视频编辑方面的功能，在此基础上设计的节目资源管理系统可以实现媒体资料的分级存储。由于电视台需要对许多媒体资源进行备份、储存、修改和查找，所以Sobey系统在缓存媒体、在线媒体、近线媒体上使用了比较灵活的分层设计方法。Sobey与索尼的一部分硬件产品可以很好地对接，从而可以有效管理节目信息和资料。

现在国内外先进的软件和技术成本太高，并且一些技术的研发没有针对性，有些功能在一些单位的工作中用不上，有一些能用到的功能却不具备。研发一个具有针对性并且可以满足多方面需要的电视节目管理系统，不仅能提高工作效率，也能节约成本。

当前，办公自动化和人员管理在各单位得到了广泛应用，但是对节目信息、广告信息和客户信息采用的依然是人工管理。随着数字电视的快速普及，人工管理已经落后于数字电视的发展，要想在广播电视行业站稳脚跟，具有强大的市场竞争力，就要提高单位的信息化管理水平。利用软件对节目进行管理可以实时对节目或广告信息进行统计分析，或者以播出频道为单位，统计一个时间段内的播出情况。应对播出市场的激烈竞争，就必须及时调整播出内容及时间段，从而达到最优播出。

二、商业广告

随着社会的快速发展，影视广告中已经普遍运用了动态影像设计，而且动态影像已经成为广告和电影等媒体传播的优势。媒体技术在多方面的使用将动态影像扩展为各种各样的形式，使拓展了创意空间，增强了视觉效果。动态影像的设计在结构上有着与传统的印刷媒体画面不同的独特性，动态影像画面元素的构成变化总是在时间推移和空间运动这两条动态线中同时展开我们要充分了解动态影像媒体的特点，并对动态画面的办事构成原则进行更加深入的研究，在画面的设计上增添更多的创意，使其更加适应当今社会的需求。

影视广告在表现形式上，吸收借鉴了各种各样的文学艺术特色，并且运用影视艺术形象思维，使展现出来的画面更吸引人。

影视广告分为多种类型，比如制作、播出、功能类型，这些类型下还有各自的广告种类。影视广告片包括电影和电视两种，在国际上被称为电影，因为它们两者之间可以通过某种技术自由转换，也就是可以在电视和电影上自由转换放映。

影视广告片主要用于企业的形象宣传和产品推广。信息量大是企业介绍专题片或产品推介专题片的一大特点，影视专题片是宣传企业形象和产品形象的直接、有效的手段。企业形象广告可以将企业理念和视觉结合起来，从而让企业将自己独特的、良好的形象展示给观众。

1.在动态影像设计中，图像是一个重要的因素，是不可缺少的，它可以在没有运动和本身孤立的情况下，独自表达出需要传达的信息。动态影响设计中的图像素材可以依照特点、来源和运用方法进行划分，有静态图像与动态图像、像素与矢量、生成与实拍等。

2. 文字在动态影像设计中的信息传达功能是与时间相关联的。动态影像设计中的文字运动方式设计也成为字体设计的重要部分，具有与文字形体同等的重要性。

3. 动态影像艺术是指当代艺术家为表达实验性的艺术思想，运用现代成像设备制做出的动态影像作品。到目前为止，它经历了三个时期，有三种类型，分别是实验电影、新媒体影像和录像艺术。

为了提高我们的实践能力和学科研究能力，更为了以后能正确认识动态影像设计的重要性及对动画专业其他课程的影响，我们对动态影像设计进行了深入研究，特别是对动态影像设计在影视广告中的运用进行了深入研究。

动态影像设计适用于使复杂的理论说明更直观、更准确，让人记忆深刻的演示视频，如电子产品的操作演示、科学实验研究过程等。动态设计，远比传统的说明方式更加容易理解。在现有的技术条件下，影视广告的动态化除了可以充分发掘视觉模态和听觉模态的潜力之外，还可以通过触觉模态、3D立体效果交互等为读者提供亲身体验的感知环境，充分体现产品的优越性与可选择性，增强消费者的购买欲望。因此，该项目的创新特色则是尝试通过设计实现影视广告的各种全新体验。新型的广告方式也成为许多相同产品或广告类型中一个让人耳目一新的重要方法，从而让产品在众多广告中脱颖而出。

可能很难预测动态影像的未来。例如，在flash出现时，可以说它将网页的一切改变了。一般，技术对设计有很大的影响。比如，我们永远都不会知道新事物的将来会怎样变化，只有某一天，什么都变了的时候才会发现。随着我们认识不断加深，科技不断发展，动态影像也会在将来变得更精细。近些年来，动态影像在互联网的影响下也不断发展，在电影和电视上被普遍使用，如电影标题的排版与图像、电视节目的包装、基于网络的动画和三维logo，其表达效果更为强烈，为推动我国的动态影像的发展注入了新的活力。

三、音乐视频

以肖邦的音乐为例。影像传播的传播者起着重要作用，传播活动的起始点和第一条件就是"谁"传播。影像传播的传播者既可以是人，也可以是传播媒介，其主要作用是制作、传播信息，控制影像传播的内容。

虽然新兴的媒介在人们的生活中占据越来越重要的地位，但是传统的大众媒体凭借其自身优势依旧占据中心位置。

电影传播主体指的是从事电影行业的制片人或者电影公司；他们能凭借自己专业的拍摄技巧和编剧能力，拍摄和制作肖邦及其音乐的影像。这种专业的传播主体的作品非常有故事性、戏剧性、价值性。例如，从查尔斯·维多的《一曲难忘》中可以看出电影传播极具专业性，电影传播主体对影片中的演员、景别、音响和编剧都做出专业的判断。米特里·杰的《肖邦》，里面的人物有很大的真实性，可以看出其专业的叙事手法。电视传播主体是媒介组织形式的传播者，大多受过专业化的教育，以传播为职业，收集、管理和传递各种各样的信息，最后通过电视这一媒介来传播各种信息。电视当中的节目有其固定性，如中央电视台开设的CCTV-15，这个频道以传播音乐为主，这也是肖邦音乐的重要传播主体。

网络传播主体具有共同的目标和需求，可分为普通大众和其他网络传播主体。

第一，普通大众。在互联网上，普通大众有着数量多、分布广、不受地域和语言等限制的特点。人们可以通过在线账户发表言论和传播信息，也可以成为受众，观看别人的言论和视频。比如，肖邦的作品是人们普遍喜爱的，人们可以选择他的作品演奏和拍短片传至客户端。

第二，其他网络传播主体。网络平台除了让用户自由传播信息与言论之外，自身也传播网络视频。网站团队的工作人员经过制作、筛选等，通过自己的网络平台传播视频，这类制作团体对肖邦及其音乐影像文本的收集与传播不可忽视。例如，媒体网站和政府网站等，我们可以在这些网络平台上观看到全世界的肖邦音乐表演或者音乐会的现场影像，主要是录制、拍摄和在网站上传播全世界举办的音乐会和音乐比赛，从而使观众足不出户就能欣赏音乐。

接受美学理论研究者认为，读者和观众也可以创造文艺作品，并不是只有作者和编导才能创造。具体来说，也就是一个文艺作品必须接受受众的欣赏，也就是对作品进行再创造，只有经过了受众的再创造，文艺作品的存在才有值。影视作品与文艺作品一样，它们的终极价值就在于观众对作品的解读。怎样实现受众的对影像作品的接受，关键在于受众的接受心理和接受过程。

康德的"经验图式"认为，观众因为主观因素的影响，会有一种自动接受作品的主观心理。姚斯认为，观众接受的关键是他们的"期待视野"，也就是即使一部文学作品以崭新面目出现，也不可能在信息真空中以绝对的新的姿态展示自身，但它可以通过预告、公开的或隐秘的信号、熟悉的特点、隐藏的暗示，预先为读者提示一种特殊的感受，唤醒以往阅读的记忆，将读者带入一种特定的情感态度中。由此可以看出，观众受体验或情感暗示所影响，比如，一个影片的播放内容和观众想象的差不多时，就会立即将受众的期待锁定，这种期待取决于受众经验的接受心理和影像的内容。

影像最大的特点是将视听艺术结合起来直接呈现给观众，不需要凭借文字媒介，能给观众带来一种视听感受观众通过对影像的直接视觉体验，从而得到欢愉和满足，把内心深处的激情和心愿全部释放出来。从一开始的电影到电视，最后到网络视频，观众可以随时随地观看影像，突破了观看地点的限制，充分满足了观众的愿望。丰富多彩的网络视频平台可以满足观众对肖邦音乐的观看需求。波兰电视台制作的肖邦音乐节目《肖邦》、CCTV制作的音乐栏目《漫步经典——肖邦》等电视节目使受众能够在轻松休闲中欣赏肖邦的音乐。

人们对一部影片的评价总是在观看完毕之后，观看影像就是在接收信息。观众的认知受年龄、工作、艺术修养等影响。比如，《肖邦心脏》《肖邦在巴黎》等一些纪录片展现了肖邦的图片资料、档案等内容，这也满足了艺术修养较高的观众的认知需求，并通过"真实性"的影像文本，传播了真实可靠的文字内容。

影像受众的接受过程是从感性到理性、由表及里的，可以说是受众观影的审美及体验的过程。

第一，受众直觉感受。直觉感受就是影像视听的直观体验，通过影像中的场景、色彩、镜头、人物形象、画面、音响等直接感受影像中的艺术形象。在肖邦及其音乐的影像文本中，特写镜头与中景镜头常常用来刻画肖邦及其他人物的性格、心理。例如，《蓝色乐章》就利用大量特写描绘肖邦的面部表情，从他苍白的脸上和放大瞳孔的眼睛中，观众能看出肖邦对病痛的惧怕。中景镜头往往可以暗示肖邦与乔治·桑之间的情感关系，受众可以直接通过画面中的距离来认识他们之间的亲密关系。

直觉感受是由影像客体本身引发的直观体验，但是这不影响人物形象的塑造和情感表达。

第二，受众再造形象。在格式塔心理学家看来，主体观看眼前的对象，并简化这个对象的形状时，总是联想到以前认知的各种各样的形态，而看到的对象往往会被脑海里以前的画面所干扰。如果眼前对象的形态与脑海里以前的某个形态相似，视觉和知觉就可能会把眼前的对象与回忆里的对象联系起来。观众观看完影片之后，会对人物形象进行再创造，对影片中的内容细细回味，从而在理性的基础上得出对影像准确、完整的认知。

综上所述，观众的多方面需求，是从影片中的娱乐、认识和审美角度获得的，也是从直观感觉到内心理解的转换。

总之，影像文本社会传播有助于跨文化交流。当今世界需要的是文明的交融，而不是文明的冲突。肖邦和他的音乐不但被全世界所接受，还实现了跨越民族和文化的视频传播。例如，《梦幻飞琴》这个作品是与中国钢琴家郎朗共同完成的，作品中把肖邦及其音乐与现实生活相联系，通过巴黎、伦敦、上海等寻求共同点，这也有助于肖邦及其音乐的影像文本在世界范围的传播。

第三，审美心理。观众一般追求的是审美上的愉悦感。影片内容和观众追求相呼应，观众通过观看影片得到心理上的满足和内容上的感知。观众通过影像中人物梦想、智慧、情感的表现，达到与自己内心的认同感，释放抑制的潜在意识从而获得审美愉悦。例如，《一曲难忘》等影像文本展示了肖邦的革命理想和音乐创作事迹。这种英雄主义的音乐抚慰了第二次世界大战后人们的伤感，达到了心理上的愉悦。又如，《肖邦的爱与泪》等影像文本加入了肖邦内心的情感，不仅感染了观众内心渴望自由的心理，同时增强了观众的审美体验。

观众的需求影响着影视的内容，影像的内容也影响着观众对其的理解和评价。影视内容如果改得好，会促进知识能力的提高，但是如果胡乱改编和创作，将造成观众理解上的误区，传播媒介对文化的融会提高有积极的作用。

第一，影视的传播主体。从肖邦和他音乐的历史影视内容中，我们可以看出创造主体有电视、电影、普通大众和其他网络。受过专业培训的编导对它们进行创作，通过演绎的手法在内容上显示出时代的精神和思想。传播主体中的普通大众和其他网络突破了影视传播的时空限制，跟随观众的喜好和需求对肖邦和其音乐影像来进行编排创造，最终使影视在形象和内容上得到最大范围的扩展。

第二，观众接受分析。我们从观众的娱乐、审美和认知心理出发，将观影者内心的需求进行总结，从肖邦和其音乐的影视场景布置、内容等表达方式上表述观众对于影视内心的满意度，再通过人们对肖邦和其音乐的直观感觉到二次创造这一过程，让观众从内心到语言上充分理解，从而达到对影视的最真实的审美。

最后，影视传播的宏观和微观影响。可视性和大众化是肖邦及其音乐的一大特点，通过这两个功能，观众可以进行跨文化的交流，视觉和听觉的结合又可以增强观众的认知和情感体验。有的影视文本对观众造成了事实上的误导，如为了显示出肖邦的爱国主义精神，就捏造了与事实不符的情景，但有的影视文本对音乐家和音乐的传播发挥了不可磨灭的作用。

四、公益广告

（一）国外公益广告的发展

公益广告（PSA）是一种非商业化的视觉呈现形式，目的是提高公众对于某些特定问题的意识，如节能、全球变暖、无家可归和酒驾等问题。PSA用于宣传非营利性组织，如联合劝募会（United Way）、红十字会（Red Cross）和美国癌症协会（American Cancer Society）等。

20世纪70年代，最令人难忘的公益广告是"哭泣的印第安人"（Crying Indian）。该公益广告由1953年创建的环保组织"保持美国美丽"（Keep America Beautiful）赞助拍摄。这则广告在1971年地球日当天发起，如今已经成了环保责任的标志性象征和美国历史上最成功的公益广告之一。20世纪70年代的戒烟公益广告同样具有深远的影响。1971年，为了响应美国国会宣布烟草广告不合法的消息，烟草业取消了所有烟草广告，自那之后，美国烟民比例有所下降。虽然戒烟公益广告停止播放后烟草的消费又重新回升，但是公共健康专家坚信该公益广告挽救了数百万人的生命。

1989年开始，NBC环球公司的"你知道得越多"公益广告在NBC黄金时间段、午夜和周六早晨播放，已经形成了其独有的特征。该公益广告的主题包括反对歧视、防治艾滋病、系安全带和抗议虐童等。美国电视台的公益广告还包括"CBS关怀"和ABC广播公司的"更好的社区"等。

在电视的公益广告中，越来越重要的一个形式便是动态图片。比如，有一个公益广告讲述的是如何引导父母教育孩子戒毒这个十分严重的社会问题，这是著名设计师大卫·卡尔森凭借自身充足的通过自己独特的设计思维并且利用各种各样的动态图片为"美国反毒合作协会"设计的一个经典公益广告。就像卡尔森理解的那样："这个公益广告之所以成功，是因为它摒弃了传统的思维，运用了一种新型的理念来解决了一个陈词滥调的问题，使我们换了个角度来思考。的确是一个非常聪明的解决方案。"

再如，"糖尿病基金会"为了提高糖尿病人对这个病情及其相关问题的重视度，就聘请了Addikt动态图片设计公司为其设计和制作了一条公益广告来鼓励人们进行捐助，用于更深入的糖尿病研究。

2. 国内公益广告的发展

相对于普通电视节目，纪实影像的优势与特色主要是能用镜头将某个美好的时间段保存下来，再经过后期的编制和艺术的融入最终构成一个完好的影像并展现在观众的面前，在更高层次上启示人们思考生活和人生。如果想增强公益广告对社会价值的传播，就可以利用纪实影像。公益广告的目标是通过图像来比较现实客观地反映社会上的问题，再加上镜头的视觉冲击带给人们强烈的感觉，引起人们的思考并且带动人们向好的一面发展。

在我国，公益广告兴起于20世纪90年代，在其20多年的发展过程中，社会上最关注的问题就是选取广告题材的来源。比如，20世纪90年代初，"中华好风尚"的公益广告，它所体现的就是社会上普遍宣扬的节约、尊老爱幼的传统道德理念；20世纪90年代末，与当时下岗问题相呼应的以"自立自强、不屈不挠"为题材的公益广告得到了社会的普遍认可。

纪实摄影是公益广告的表现形式之一。它能抓住社会现状社会问题，并以独特的视角，以图像方式反映某一时段存在的问题。从而给人们以启示或警示。纪实摄影要从社会生活的角度出发，体现出社会价值和审美理念，采用纪实摄影拍摄公益广告的方法，达到了广泛报道的目的。

纪实摄影主要是将社会现状反映在公益广告当中。

比如，被社会广泛重视的一个艺术作品——《大眼睛》（如图3-1所示），其主要反映的是贫困山区的孩子学业困难的社会问题。图片中的一个小女孩两眼炯炯有神地听着课，充满了求知的欲望。这个影像利用纪实摄影的方法反映了上学难和求知欲强这一问题。这个图片刚发出，就被广泛传播，并得到了社会的热烈反应，即便过了20多年，仍有较大的影响。

纪实摄影是社会现实的真实反映，它的特色就是真实性强。商业摄影主要呈现的是视觉上的愉悦感，给人一种艺术美，商业摄影可以自主选择需要拍摄的内容，或者自己臆造出一个图像，再利用高科技对作品进行整改。新闻摄影如其名，就是对新闻现场进行全方位的拍摄，对画面的质感并没有太高的要求。纪实摄影介于新闻和商业摄影之间的，在拍摄纪实摄影时，不仅要拍摄真实的社会场景，还要找准角度，引人深思。

图 3-1　公益广告《大眼睛》中的女孩苏明娟

纪实摄影与现实社会是不能分开的，它是某一历史时段的见证和载体，可以把现实存在的场面用叙述的方法再加以图画表达出来，后经过公众的再创造加深对它的认识。与其他摄影类型相比，纪实摄影更能突出画面的真实性，更能展现出所要反映的内容，具有更强的震撼作用，能使人们更加深刻地理解和反思所面对的社会现状。

（三）以影视作品的思想主旨唤醒广大公众

公益广告的最终目的是通过传播所拍摄的内容来号召社会群众，指引人们改变其认知，从而纠正自身的错误行为。所以说，公益广告也是有所追求的，它关注的是所传播的内容能否达到公益的效果。那我们怎么做才能达到公益广告所预期的效果呢？首要的一点是，公益广告所要表达的思想必须能够深入群众的内心深处，这样才能引发他们的思考。在成果上看，公益广告最理想的结果就是转变人们的态度。

相对于纪实摄影，电视公益广告是多个画面的拼装组合和连接，所展现的是一个故事，通过讲故事的方式展示出所要传达的思想内容。在这里需要注意的是电视公益广告关注的只是故事情节，对其所要传达的主旨并没有进行深刻的反思。纪实摄影是以图片的方式展现的，是静态的画面，比电视公益广告更具有震慑作用，更能引发人们的思考。在社会生活中我们可以得看到，即便摄影图片所要展示的内容受到多方面的限制，但是它也能引发人们的思考，人们在观看时，大脑会采用联想的方法去反思。联想方法和发散思维特别近似，这种思维下，人们努力对更多更广泛的思想加以反思。而会聚思维主要在于它的向心性这一特点，也就是对一方面或者多个方面进行考虑，以更加了解事物的本质和内涵。电视公益广告如果利用这种思维模式，再利用纪实摄影的方法，就可以增强其理念的传播力度。对纪实摄影来说，单一地记录社会现状，描述所见所闻，就难以实现其目的。纪实摄影里的人、物、景都有着各自的独特性，每个拍摄的地点都应该有点睛之笔；在实际生活中，纪实摄影中那些出色的作品都能唤醒群众心中的灵魂，从而在社会中达成共识。

总的来说，纪实摄影是一种真实记录公共广告内容的方法。在创作上，纪实摄影始终"真实"地记录社会现状，并在公益广告的拍摄和制作中利用真实的手法，为公益广告的宣传增加了更多新的动力。对当前国内的公益广告片来说，采用这种方法的影片少之又少，但是纪实拍摄的方法能够直接地还原出社会的原貌，并且观点中肯、有特色。

六、频道形象设计的现状

2016年12月31日，中国环球电视网（CGTN）正式播出。注重节目的整体构造对品牌传播的重要性，并把CGTN变成国际前端的新闻传播平台，是增强国家文化自信、展现中国形象的重要突破点。

数字技术的革新把视觉理念和设计以一种新的面孔展现出来，而频道视觉影像的基础不单是频道定位，它还以频道传播理念为轴，又反过来对频道的收视情况、品牌的树立以及用户的关注度等产生影响。国际上所有著名的电视媒体，它们的理念和设计的"魂"一直存在，它们还欣然接受新加入的科技。伴随着各类媒体之间的相结合，多终端的出口应用、频道影像的整体观也必须要纳入移动端、网页等多终端的新兴媒体当中，从而进行各媒介之间的融合设计。

频道视觉图像设计范围比较广阔，包括频道和栏目的全部图像设计系统，具体有频道呼号、标识、宣传片、标识片等内容。其中，栏目的视觉形象设计体现在栏目的标题、宣传片、片尾等内容上。

频道视觉形象的设计在很大限度上决定着品牌形象及第一印象。频道视觉形象设计是提高收视率的重要方式，它就像给频道自身打了一个看不见摸不着的广告，影响着观众的第一感觉。一个好的频道视觉形象设计可以有效且快速的提高该频道品牌的知名度，还能拉大与竞争者之间的差异。这在多媒体、多频道的当代社会更为明显，一个优秀的频道视觉形象设计总是可以在不经意间给观众带来深刻的印象，让观众一眼就能记住它，增强品牌识别度，这正是收视率上升的一大因素。频道视觉设计如果能够做到效果好并且精准，这也是一个好的投资方向，其最终目标是在市场销售中助推频道达成二次销售时的收视率。一个优秀的频道视觉形象设计是一个频道收益的新的收入点，可以使电视频道从品牌的建立到收视率的上升再到广告的效益上层层受益。

所以，电视媒体应该运用新兴的数字技术平台对频道形象设计进行合理有效的包装设计和使用，最终精彩地传达出预期的信息和品牌的知名度，从而建立优良的品牌效应。

（一）国际知名媒体新闻频道视觉形象设计对比分析

频道视觉形象设计是一个错综复杂的综合型系统，本文将频道影像中几个重要的因素进行详细的比较分析。

1. 电视频道标识

电视媒体的频道标识外观是一个简洁的图形文本，以逐点、逐区域的方式凸显出频道的定位、整体概念和视觉形象。它是整个频道的门面。

2. 电视频道呼号

频道的形象宣传语是频道呼号，是频道传播心理和中心诉求的点睛之笔，它通常用高度简洁的关键词或语句视听形象地呈现出来。

频道呼号作为频道品牌宣传的重要方法，会在观众内心快速地树立起频道印象，因此它经常会频繁地在栏目内容里出现。纵览几个著名的新闻频道，其呼号都有着这样几个特点：立场鲜明；始终在第一现场，并且站在群众一边；话语简单明了，直通主旨。

3. 频道标识片

频道标识片传播的主要是频道总的形象和理念，是一个综合性强的视觉形象片，大体上可以分成品格演绎片和台标呼号片，是树立品牌知名度、加强品牌第一印象的重要方式。

当前，国际上著名的新闻频道的标识片在形式和内容上能够归结成三个特点：时间短、节奏快、画面流畅。

4. 频道形象宣传片

频道形象宣传片体现了频道的中心理念和想法，凭借自身完整和更长的篇幅，加上所主张的价值理念和特色，其叙述和表达更加多样。

不同频道的形象电影有着不同的风格和叙述方式从 CNN、RT、AJ、NHK 四个频道看，值得借鉴的地方有：呈现频道总的理念，然后把它们分为不同的视角和层次；把引人注目的新闻场景通过写故事的办法放入影像片当中，将情感元素强化，把一般人的快乐、痛苦、绝望等情感瞬间放大；在表现手法上大胆创作，揭示隐蔽，节奏明确简洁地突出表达主题。

5.新媒体形象推广片

经过研究表明，视觉形象设计越来做多地运用多媒体平台进行推送。新媒体宣传片是各个新闻频道在传统媒体的基础上和新媒体平台联合一起制作出来的，转移了年轻用户的关注点，从而建立起自身的综合品牌形象。

宣传片的设计有着以下特点：时间短但明确；文字精练节奏快；应用新科技，画面新颖；频道与新媒体特点兼备。

6.栏目形象设计

在频道栏目的外观制造上，作者的研究对象主要是各个频道上位于前列的频道栏目，主要选择了CNN新闻频道的新闻杂志栏目《新闻流（News Stream）》、Fox新闻频道的访谈栏目《奥莱利因素（O'Reily factor）》等五个栏目。这五个栏目是各个频道主要推介的栏目，不管是外形包装还是内容大意上都是成熟的，栏目的影像设计方面也逐渐完备。所以，对此做深层次的考察，可以为研究提供更多更详细的信息。

首先，在栏目的图像层面中，CNN新闻频道放映的《新闻流》栏目以记者和主持人KristieLu为中心，利用抽帧延迟这一方式展示了不同的时间和空间场景下记者的状态动作等内容。延时摄影能展现出时间在变动，影像中的作者总是用微笑来观看四周景物，这充分体现了记者恪守"客观公平"这一准则。FOX新闻频道的广告视频《奥莱利因素》为了展现节目收视率排名第一的成绩信息，将节目背景空间用蓝、红色装饰，并将艺术字和解说词占满全部的空间。国际新闻频道的宣传影片起初是以大量排比的方式进行的，并引用六位嘉宾的"disagree"而得到加强，最后主持人概括出"This is real crosstalk"，凸出整个节目的构思，从头到尾宣传片仅用了16秒。

从栏目标题看，CNN新闻频道的《新闻流》的片头是动态的视觉流，从城市当中散射出几束光，光不断地穿梭云海、楼层及车流，最后被合并成两个字母"NS"。这里面的光代表着新闻信息，它们跨越层层障碍物，体现出节目组在传播新闻故事时专注的心态。《BBC World News》的栏目片头采用倒计时放映的方式，将覆盖世界各地记者的现场图面插入其中，片头的后半段与《BBC World News》新闻楼里的三维动画一起进行拍摄放映，影像最后进入了《BBC World News》的直播室，将信息结合的中心段《奥莱利因素》的片头插入了不同色彩的动画图片，这种色彩和FOXNEWS频道的色彩相同，整个画面按顺序展现出栏目名称、主持人图像和栏目的口号"No Spin Zone"。RT 国际新闻频道的《CrossTalk》的片头共 15 秒，主调是蓝色和红色。片头依然坚持 RT 宣传片的传统理念，突出自身主旨。在影片中，一束红光穿越于微型城市中，文案重点展示了栏目题材来自四面八方，范围很广；然后重点探讨了"经济、政治、社会"这一主题，概念上是有"争论性、挑战性的"，在传达了上述三个理念后，最终落在了 CrossTalk 的栏目标志上。

运用了实拍方式的 AJ 国际新闻频道的新闻节目《NEWS》的片头言简意赅，把新闻大楼外景航拍画面当作片，既突出了当地特色，又显示了直播的独特魅力。

在片花间距方面，《新闻流》节目的间隔片花就把片头最后的 5 秒钟画面做成了精简的开头，让各个版块的间隔片花都变得简练。即便片头时间缩短了 15 秒钟，但仍然保证了内容的完整并且充分展现了光束从发射到最终作为节目被展出的过程。有多个时长版本间隔片花的 BBC World News 栏目所有版本的画面主体仍然是相统一的，除红色圆弧和地球轮廓的运动演绎方式不同外，它们构成了极富频道品牌共性又与栏目风格相融洽的独特版本。极富动感和激情的画面依旧以三维动画为载体，不仅带给观众更加真实的感觉，更是带动了整个节目的节奏。《奥莱利因素》的两版间隔片花都与开头相似，持续时间 3 秒左右。除对圆环进行了些许改变外，主题仍为红白蓝三色的标识，但圆环也分为红色和蓝色两类背景。《Cross Talk》的间隔片花具有带动作用。承袭旧的片头样式作为其主要形式，在内容上对该期节目进行剪裁，使主题显示在字幕栏上。实时航拍画面的形式仍然被国际新闻频道的《NEWS》的间隔片花所采用。

在影片的结尾，风格趋于精炼简单。真正意义上的《新闻流》类型的节目是没有片尾的，新闻播报后，主持人走出演播室同时出现版权信息，在保留该页面的基础上，将画面转换到 CNN 总部亚特兰大的城市全景，最终结束。片尾虽然只有短短 10 秒钟，但是没有一丝多余信息，都能抓住重要的信息播放，并完美地承接要播出的内容。《BBC World News》栏目在主持人说完"Thank you for watching"等结束语之后结束，既没有片尾，更没有版权页。诸如此类，主持人说结束语结束节目的还有直接播放栏目间隔片花的《奥莱利因素》。一般来说，主持人会用两种方式结束：对读者的邮件进行阅读并给出相应回答；"每日提示"和"每日一词"两个固定小版块。《NEWS》节目的片尾仍然把半岛电视台实景航拍展示当成结尾，首尾呼应构成了一个完美的新闻广播链。

栏目形象宣传片、片头、间隔片花、片尾等都在电视频道栏目包装之内。

为了使栏目包装的呈现既有频道普遍的共性，又可以突出栏目个性，频道包装就应该体现频道的整体风格。几个频道中典型性的节目都有以下几个特点：

第一，具有极高的识别度。栏目整体风格都是一致的，无论是从宣传片到片尾还是大屏幕的用色、字幕、字体、音乐等都保持高度统一；第二，宣传片突出、栏目的片头、间隔片花、片尾都融入了宣传片的片段，对栏目形象宣传片进行了多次的运用；第三，各栏目自成体系。在栏目包装形式上，每个栏目内部自成体系，与整个频道的联系不是很密切，表现得相对独立，但是宣传片、导视系统、字幕等都保持着大体的统一。

7. 频道导视

频道预先对具体的节目收视信息进行公布的过程就叫做频道导视系统。频道导视凭借预先告知的方式吸引了不同时段的用户，或者依靠推广各类主打节目的播出时间和最精华的内容招徕观众。

国际知名媒体的新闻频道在该方面的特征为：导视设计兼有频道和栏目之间的双重特性；不同节目拥有不同的导视设计；本期内容的栏目特色以预告片的形式凸显出来；将用户引流到所宣传的栏目是片尾预告可视化效果好的重要表现。

8. 频道演播室设计

在栏目包装部分，笔者将以各频道最具特点的演播室为主要参考，依次选取了CNN新闻频道的《Amanpour》、BBC国际新闻频道的《BBC世界新闻（BBC World News）》、Fox新闻频道的《Shepard Smith报告（Shepard Smith Reporting）》、RT国际新闻频道的《RT新闻（RTNews）》、AJ国际新闻频道的《新闻（News）》、NHK国际新闻频道的《新闻线（NEWS LINE）》，这些栏目都注重对空间多维层次的强调，将最新科技成果融入其中，构建多个大屏，尽可能开发不同区域的视觉表现，展现了该区域的潮流动向。

综上所述，我们不难看出演播室的发展趋势与潮流：引入多屏幕和大屏幕；大量工作信息需要工作室背景屏幕提供；划分演播室并完善；在虚拟技术设计方面更强调设计品质和美感。

（二）频道视觉形象包装的发展趋势

在新技术发展和媒体竞争激烈的大背景之下，新闻节目反应时事的效果增强了，信息容量增大，分工更明确，表现形式趋于生动具体。

1. 追求统一形象设计理念

随着品牌形象识别系统越来越成熟，各频道栏目和节目之间的空间形象设计也要求视觉和视听图像一致，以共同构成整体的电视包装系统。在形象设计理念一致的基础上确定整体的风格与元素，确保各栏目、各节目既有共性又有其突出的个性。

2. 注重可视化体验

电视品牌形象设计更看重视觉的体验。现场信息、虚拟现实与图文信息的多元化融合，更加追求形象设计的品质和风格。形象宣传片、导视和人物品格演绎片等同时追求视觉感受和动态表现，大大地提升了设计的品格和品质，铸就了精简巧妙的形象宣传系统。为了达到层次多样且丰富的视觉流动效果，字幕和标识也更加注重动态变化。

演播室通常在大屏上展示信息，以实用、效率为原则达到演播室对信息丰富性和最终效果的要求。大屏和多屏让主持人与多地现场面对面地联系起来。对演播室进行划分，提高了演播室空间的利用率。多机位、多角度动态展示演播室访谈交流信息，注重空间与视觉的流动与流畅，这在新闻杂志节目和访谈节目中被看作主流。

3. 从平面空间扩展到立体维度

在电视画幅从 4:3 发展到 16:9 的基础之上，电视屏幕空间在水平和垂直方向上都有许多扩展。图文和场地的整体布局更注重分布的主次和深度。高分辨率的电视图像，使场景和图形设计、演播室设计和场景可以利用各种技术手段和表达方式将演播室空间分成前、中、深等层次，极大地拓展了新的信息并刺激了视觉。

4. 多媒体、新技术形象设计手段的融合

注重把最新的人机交互技术、图文包装技术运用到形象宣传片、导视片、品格演绎片和演播室包装设计中。积极跟进技术和时尚文化的发展趋势，进行创意和形式上的更新，其中把数据可视化、词云、信息流等最新的表现形式大量的引用进来。现实空间与虚拟空间相统一被运用到演播室来进行三维建模，进而创建生动的视觉表达。

节目组为了使电视图文包装从镜头拍摄到最终表现相统一，在演播室直播应用领域，使用大屏幕、触摸屏图文包装技术、虚拟前景的出入展现和最终播出叠加的平面图文进行统一联动控制，提高了在线包装的效率和效用。

电视新闻形象设计的进步离不开数字媒体技术的革新，电视新闻的图文包装手段与效果之所以可以进一步丰富，得益于实时图形渲染、虚拟、图形播出控制与多媒体显示等先进技术的帮助。其中，利用虚拟演播室技术重现 3D 动画内容的虚拟场景，对演播室空间的表现力进行了扩展，继而增强了电视新闻的客观实在性和趣味性。国内首档将虚拟技术加入到新闻类型节目中的直播节目是江苏卫视的《新闻眼》。在该栏目中，维斯（Vizrt）公司的三维动画技术与棚内实景 LED 大屏的虚拟演播室的创新运用，凭借平均每天表现五个以上符合新闻主题的虚拟事件的方法，展现了多方位的新闻内容。维斯公司提供的 3D 实时渲染技术和传统的合成方式不同，能够让直播和渲染指定动画同时进行。为丰富节目的形式，一般运用制作好的 3D 动画形象揭示新闻内容的细节，并且和主持人进行亲密交流。整个节目的卖点和亮点是 3D 动画，主持人手一挥就有可能招来一辆悄无声息向观众开去的地铁，让观众身临其境。节目配备了虚拟动画设计人员与虚拟控制人员来达到与虚拟演播室技术相适应的目的。在了解了栏目组要求的虚实场景的创意之后，设计人员对虚拟场景进行设计。虚拟控制人员则需要使用控制输出引擎将虚拟场景安排到串联单中，在监视器中观察并最终确定好虚拟场景中与主持人互动的位置，最终实现主持人和虚拟场景之间的互动。

5. 彰显个性形象

纵观国际知名媒体的频道设计，频道标识目的明确，口号、口号来电、频道定位都有效链接并重复出现，不断提升着频道定位的准确度和形象特色。包装色彩、标识、各类形象片和导视片都注重加深频道的形象来凸显它的个性，而这些个性又和频道社会文化等内容联系。除新闻的客观性、中立性和现场性外，在设计中还需积极运用本土文化元素的形象去体现自身的地位和观念。在各类形象宣传片和品格演绎片的基础上，把客观、理性的新闻理念包装到具有人情味的故事当中，更加注重故事设计的人性化和人情化。

6. 与多终端媒体平台形成互动

电视频道依附新媒体发展和多终端的不断开发，通过多终端媒体平台相互介绍，营造出开放的频道态度，重点利用多终端媒体平台进行形象宣传。借助这种方式，将传统的电视媒体观众带到一个新媒体的世界。

7. 专业化的视觉设计包装团队

现在的视觉设计包装技术要求越来越严格，以多样化的形式进行着视觉呈现，就意味着在网络包装时效性越来越强的情况下，更要对电视频道进行专业化的形象设计。

首先，要求专业的艺术服务于视觉形象的整体设计，"对于每一集的每一个镜头，图片的总体设计都要从构图的角度来进行"，作为具体视觉设计的把关人，艺术指导有举足轻重的作用，它保证了频道的标准和节目形象设计的质量。其次，欧美等国的图文包装人员内部不仅有合理的分工，而且在绘画技术和应用技术上颇有造诣，因此保证了电视视觉形象和图文包装领域的人才数量和质量。一套完备的图文系统需要30人以上的团队，国内江苏卫视频道包装部门约24人，其中王牌节目"新闻眼"三维建模团队约10人。

在现代化的电视频道形象设计中，大融合的趋势更加凸显，图像设计不单单是其中某一部门的专属行动，而是根据不同情况有不同的应对方式。从前期策划、中期制作到后期播出，需要设计师、制作人员、控制人员等合理分工，让艺术和技术达到一致，令丰满的设计在荧幕前得以呈现出来。

第三节　网站中的动态影像

对人眼可以看到的造型元素信息进行加工处理的方式就叫做视觉传达设计，这是在20世纪末期由国外引入的概念。在这之前，我们把它叫作平面设计，视觉设计是对平面设计概念的一种提升。传统的平面设计被称为视觉传达设计，是因为平面设计作品是给人看的，而超出眼睛观看范畴的其他感觉方法就不能称之为视觉传达。设计领域中的视觉传达凭借可视化的元素将想要传达的信息内容形式化、视觉化，以让人更容易理解。在电子和数字化技术中，网页界面较传统的平面设计方法有更大的拓展。但网页除了载体性质同平面纸质不一样外，和平面设计并没有根本性的区别，仍然凭借显示屏来呈现其平面性，给人带来视觉效果，仍然是在人眼睛的可视化范围内，其最突出的功能依旧是视觉传达功能，这是因为它仍然通过视觉来传达信息。

传达信息是平面设计的目的，但平面设计的信息受到文字、图形及色彩的限制，有一定的局限性。由于数字化技术手段的使用，网页界面的视觉传达方式与平面的视觉传达划分出了明显的界限，其中重要的特点就是文字、图形可以变化，色彩可以转换，某些造型元素也产生了动态效果，这些变化即便依旧没能超越人眼的范围，但在内涵方面有了突破。网页信息的传达不被局限于传统的平面设计范围内，得益于视觉传达手段的数字化。现阶段，信息传达变得越来越丰富多彩，这主要表现在：首先是丰富的动态视频界面；其次是可随意链接和切换的界面，每层界面都有与之对应的视觉要素，也提供了一层新的信息。视频界面的转换和可链接性，使网页的视觉传达与信息传达构成了一个多维立体建筑，丰富了网络信息传达方式。

"领航"页是网站的首界面，它是用视觉元素来表现提炼后的信息或概念化的信息，而不是信息的全部内容，主页的视觉传达不能反映完整的信息内容。访问者要通过鼠标点击选中自己想获取的信息，从而进行信息传达。这表明网页的视觉传达与信息传达的实现之间有区别，这是平面设计视觉传达没有的功能。

网络媒体以通信和数字化技术为基础，除了超链接性和交互性的双重特性之外，还综合了以往传统媒介的特点，继而赋予了网页信息传播的如下特点：

第一，选择性。不只是图形、文字等才可以表现网页界面信息，声音、视频、音频、动画等也都可以表现网页界面信息，这些表现元素让人们获取信息的渠道变得更多了，同时在视、听、触三种感知上刺激了人的感官，使人能够根据自身喜好来获取所需要的信息。比如，在同一个网页界面中分别用文字、图像、视频等形式对同一个信息进行表述，不同的人会用不同的方式获取信息，这种选择性提高了受众对信息的关注度。另外，网页中，信息之间的沟通在超链接下完成，将信息和信息更加密切地联系到一起。像报纸、书籍等传统媒介的信息采用的都是前后紧密相连的直线性传达方式，因为篇幅的长短限制了内容承载量和读者对信息的了解程度；而网页之间进行跳转和有效联系都依靠超链接技术，可以对信息进行跳跃性传递，使访问者既可以获取有效信息，还可以了解相关联的信息，而且由于网页的无限传输，承载的信息量也很大，它可以给访问者提供自由的、灵活的选择。

第二，互动性。社会心理学家对"互动"一词给出的定义是："两人或者两人以上互相作用产生影响的过程。"在网页界面中，交流双方使用交互功能来响应对方的进程。比如表达意见通过操作按钮、表单等元素来和对方的沟通与互动；互动设置让交流双方尽情表达自己看法，提高了传递效率。

第三，多样化的信息传达方式。有学者认为现代网页的信息传递已经触动了人的"五观"，其传递方式是多种多样的。这是因为数字技术的发展，带来了新的信息传达手段，这些手段已经不仅仅是凭借视觉刺激信息产生了，更还有声音、影像方面对人体感官的刺激。麦克卢汉说："一种媒介一定包含于另一种媒介之中，它们之间是相互影响、相互联系的。"

可以说网页设计拓展了平面设计。由于网页界面设计受通信网络和网页制作技术影响，所以网页界面设计具有独特之处，主要表现在以下三个方面：

第一，媒介及尺寸的不同。伴随着计算机及通信技术的进步而产生的网页界面，表现载体主要由图形、文字、色彩、多媒体视听元素等组成，并最终被呈现在显示器上；图形、文字、色彩是平面设计作品的载体，最终展示在印刷品上，二者在传播媒介上是不同的。

色彩模式是纸媒和网络两种媒介的最大区别。网页界面所使用的显示器色彩 RGB 三种颜色光亮度要比印刷品中所用的 CMYK 四种色光色彩更加丰富饱满，因此可以创造出更加鲜活靓丽的视觉效果。

尺寸单位不一样的原因也归结于两种媒介的不同。印刷和网页的计量单位不同，一个用度量单位计算，一个用电脑显示器的单位（像素）计算。印刷品尺寸是一定的，大小也不会改变，所以，设计师可以很好地掌握它；网页界面大小由电脑显示器窗口的大小决定，而网页在不同浏览器窗口大小不一的原因是制作时使用的显示器分辨率的不同。

第二，交互功能。网页界面设计最大的特点就是它独特的交互性。网络与用户之间双向互动，通过超链接技术、按钮、表单等设计方式最终达到网页界面互动的目的，为用户提供了足够的时间去自由选择，用户开始更加主动地接收信息，并且主动发布和反馈信息，感受到参与其中的喜悦之情。传统的平面设计具有单向向大众传递信息的局限性，不能实现交互性，更无法使受众及时回应信息。

第三，多媒体元素。以数字技术为铺垫的互联网集合了三大媒体的综合优势，实现了图文音的完美结合。在信息传递的表现形式上，网页更加多种多样，得益于这种多媒体技术的应用和推广，同时大大提升了用户的视觉效果，让用户身心愉悦。比如，FLASH 制作的广告动画就集合了完美的视觉体验、浏览者的关注、传递商业信息和宣传目的等优势。另外，影音等多媒体元素对图文所传达信息的不足做了弥补，更有利于全面直观地传达某些信息。以静态的视觉元素来表现的传统的平面设计作品在形式和功能上就要比多媒体元素传达信息相差甚远。

网页界面是为了把信息传递给人。和现实中的众多行业一样，网站的行业属性也大不相同，不同网站面对的受众也不尽相同。人们的自然和社会差异决定了对信息要求的层次，由这些差异也造就了他们独树一帜的处事方法，影响着人们的操作方式和选取内容。人的不同行为特征影响创作灵感，因此，在设计网页界面时，要对不同人群进行特征分析，还要注重对所选中人群行为方式方面的研究，并最终创作出独领风骚的视觉表现形式。设计者可以着眼于以下几个方面对受众进行分析：①性别。性别影响对网页界面形式的看法。男性和女性生理特点不同，想法也有不同，网页界面设计就可以从色彩、图形上突出他们的特性。以 Maybelline 化妆品网页为例，网页以时尚女性的图片为主，展示了女性的各种妆容及化妆部位的特征，让人对网站面向的人群一目了然。②年龄，对同一种事物，由于不同的年龄层的行为方式及嗜好会影响他们看事物的侧重点的不同。比如，大多网络游戏根据个性张扬、特立独行、对新事物好奇的青少年进行人物设计和界面设计，吸引了大多数青少年的眼球，如"QQ 幻想"这款游戏，卡通而且可爱活泼的人物造型符合大多青少年心中的理想角色，优美和动态的场景更加丰富了界面元素；在给青少年带来视觉享受的同时，也为他们提供了一个全新的环境体验。象棋和围棋这类游戏的界面是简洁的，因为中老年人更看重的是下棋的功能。③工作。上班族和学生看重的是不一样的。上班族注重娱乐，大学生则是为了资料、信息、交流，这就为网页界面上的交互功能设计提供了灵感。比如，在教育考试网站中，为了满足学生对信息的需要，界面应该更加侧重于信息搜索和发布功能的设置。

　　网页和其他任何事物一样，有其产生和发展的原因。最开始的网页是依靠通信技术，现在依靠最新技术走向人们的日常生活。如今的网页界面是和人们的生活紧紧相连的信息终端，网页界面设计变得尤为重要，目的是为了使网页中信息的沟通和传递更加方便。我们之所以不能以独立的眼光去审视它，是由于网页界面设计受人及网络技术等诸多因素的影响。从艺术、功能及设计角度来看，网页界面设计迎合着人们的审美，完成了信息交流，综合了所有传统媒体的传输要素，具有信息传输的巨大优势。所以，可以将网页界面设计说成是集多种智慧和知识、内容于一体的设计。

　　对平面设计而言，设计所要完成的工作就是把我们所需要表达的消息通过视觉元素和设计元素体现出来，但是仅仅依靠纸张作为呈现方式，我们所能表现出来的信息便受到一定限制，这就要求我们在进行平面设计时要有一定的想象力，将所有的信息取其长，避其短，而对于平面的呈现方式的要求便是有一定的总结能力。可无论如何，在实际情况和平面设计所呈现的信息还是有很大的差别。和平面设计相比较，网页界面同样选择了视觉元素和设计元素的方式呈现信息，除了选出更加符合呈现信息的方式外，还选用了数字技术设计的方式，这种方法便使网页界面的信息管理方式比平面设计更便捷高效。网页界面管理的便捷性体现在三个方面：第一，分类表现。信息的分类概述可在网页界面上通过其视觉传达设计技术来完成，采用相对应的特殊符号和一些标识来呈现，这样做可以在一定程度上增加网页界面信息的容量，还能满足许多人们的需求。若想得到具体信息，就要经过信息的多次转化，通过网上链接的形式使信息进一步传达。第二，动静结合。网页界面和平面设计相比，在视觉传达设计层面最不可忽视的区别在于网页界面可以实现动静结合，在相同的区域，平面设计的信息容纳量是有限性的，但网页可以实现动静结合，因此在相同区域内，网页界面所包含的信息量更丰富多彩，实现了文字与图片的动静结合及色彩的变化等。正因如此，网页界面的容量是超乎我们想象的。第三，概括性与创意性相结合。在平面设计中，考虑到空间及信息容量的局限性，若想呈现出相应的信息，我们必须要有很好的总结性和丰富的想象力，标志设计、平面广告、招贴设计等设计，我们都可以通过其所归纳的正确与否和想象看出其设计的水平高低。而平面设计在总结性与想象力方面的要求都比网页界面视觉设计要高。数字化手段的应用可以体现网页界面设计的概括性高低、创意要求能力的强弱。

网页为了完成其独特的信息传递工作，总结了已有的所有的表达特征和传达信息的方式。那么问题也随之来了，信息是如何在网页中实现传递的呢？又或者说信息是怎么被表达出来的呢？笔者将传递信息的方式按照信息的呈现方式和人们接收信息时的角度分成了视觉表现手段、听觉表现手段和其他表现手段。在网页中进行信息传递的方法主要有视觉、听觉等感官领域，文字、图形、色彩等的变化主要体现在视觉领域上，音频的设置主要体现在听觉上。

文字创造后便成了消息传递的主要媒介，它是人与人之间当传递信息和保存信息而创造的一种独特的标志性手段。随着时代的进步和发展，网络逐渐进入人们的工作与生活，成为一种新的传递消息的手段，特别是在当今这个网络发达、微博微信盛行的时代，再加上被人们广泛应用的数字化技术，更是进一步增强了人与人之间的交流，与文字有关的信息传播与扩散的影响变得愈加深远；所以说，文字是人与人之间传递消息最易懂方便的符号。当需要宣传一些重大事件时，用来传播的媒介都是文字，所以，我们若想知道文字在网页中占有多大的比例，可以通过阅读网页中文字的方式来获取。网页中的文字大致可分为"静态文字""动态文字""图像文字"和"色彩文字"四类。"静态文字"按照其字面的意思，就是静止不动的文字，它的这一特点也使它在网页中起的主要作用是说明信息的主要内容，它是浏览者获取信息的重要部分。静态文字在网页中的呈现方式非常重要，在一篇文章的正文中，文字的表现形式主要体现在字体的大小、字体字距、行距等方面。而且在进行编排时，也要注意文字的大小和行距，因为这两个因素在视觉上给人带来的影响是比较大的。正文的调节，可以给人的视觉带来不同的效果。如果正文调节得体，会使人感到清楚干练，心情畅快，因而使信息传递的效率大大提高；反之，则会感到模糊，不易懂，无整体性可言，也起不到准确传递信息的作用。除此之外，浏览者在浏览网页时，所用电脑的自带字体决定了文字的显示形式，所以，当网页生成时，为了防止出现其他电脑不出现的文字情况，往往以电脑自身所带的文字为最先显示的文字。

多媒体技术是动态文字呈现的基础，动态文字最吸引人的是它能产生互动。在网页中，动态文字的使用主要应用在两个方面：第一是不断地变化。无论是在字体上，还是颜色上形式上都要有变化，目的是让浏览者能一眼看到某些信息，而这更能引起浏览者注意与好奇。第二是当我们用鼠标点击这些文字时，它们会发生一定的变化。在网页中，凡是可以通过链接点击出现变化的都属于动态文字。另外，浏览者浏览网页时进行不同的操作也会出现文字的变化，如文字有时是会随着时间的变化而改变的，浏览者在不同的时间点击文字就会出现不同的变化。从网页建立的角度看，它的呈现方式是图片，而不是文字；所以，它在呈现上就不会受电脑系统自带的字体的影响。文字颜色的多变，加深了信息的视觉印象，这样我们在浏览网页时，多彩多变的字体不但可以刺激我们的视觉，吸引我们的注意，还可以改变文字的单调。

信息传递手段，有时会受网页文字特点的影响。那么如何正确运用文字的这些特点呢？网页设计师从信息内容的特征出发，要求网页的内容与字体相适应，让人在视觉上清晰明了。与此同时，还可以让浏览者通过文字的这一特征来区分信息，以便更好地分清信息的主次。总而言之，我们应该更好地去发现文字在网页设计中诸多表现技法，以便更充分地利用文字的这些视觉功能。

多媒体元素应用范围广泛，它也是网页界面独特的传递信息的介质。相比于其他，网页界面最大的优点在于它结合了多媒体元素。多媒体元素可以通过自身不同风格的呈现方式，以此来使不同需求的网页浏览者感到满意。多媒体元素在网页上的视觉表现形式包括动画、视频。动画是一种通过电脑将图形、色彩、文字等视觉方面的元素"组合运动"在一起的呈现方式。flash、gif 图片、三维动画等都是在网页界面中呈现动画的方式；它们除了通过多彩多变的画面来引起人们的注意，还选用了 flash 广告及片头等突出明显的方式来表达想要传递的信息。动画也可以作为一种传递信息的形式。设计者在制作动画时，可以添加一些有交互性的画面或是按钮，使网页浏览者之间进行互动，进而提高传递信息的效率。在网页中，虽然动画的应用范围广，但是在设计和制作动画时要体现网页的本质特征。比如，一些大型的网站对动画的要求就不是很严格，而更注重文字的表达，因此应用到动画的形式少之又少，只有在广告条或是弹出式广告中才会应用到；而在一些儿童类的网站中，将各类成语和寓言小故事做成动画的形式更容易让小朋友接受，而且儿童在看动画的过程中也学到了知识，乐中受教，这可以是动画发展的另一方面。一些企业类的网站，主要做产品宣传，与文字有关的信息很少，因此，大都选择用 flash 制作，因为 flash 能带给人以绝佳的视觉效果。除此以外，flash 动画还可以用到网络上各式各样的电子贺卡中，这样的电子贺卡画面美丽且逼真，还能充分显现赠送者的诚意，已被很多人所接受并喜爱。

网络视频是一种可以向用户提供包括数字电视在内的多类型交互式服务技术，主要包括互联网、多媒体、通信技术等。网络视频开辟了新的宣传天地，产生了新的宣传方式。与此同时，网络视频通过加强电影、电视的宣传力度，加深了网络对人们的影响，也使网络视频和动画之间优势互补。视频大多是以数字电视节目、电影点播、在线视频等方式表现出来，它在网页中的作用主要体现在以下几个方面：① 以辅助的方式使其他元素被更好地理解；② 作为一种通讯的方式，快捷有效率地传达信息。比如，在一些专门报道新闻类消息的网页中，如果想让民众更加详细地了解新闻，可以采用某些真实的视频。在那些主要提供影视视频的网站中，视频只是中间的一个传播媒体，它是依靠观看者的喜好来自动选择和传播视频画面。要注意的是，一些包含多媒体元素的文件所占内存比较大，在传播时容易受到网络宽带的限制，因此，浏览者要依据所处的环境和状态，恰当地使用。

人类最初的传递信息是通过声音来完成的。人们能从声音中接收到信息，是因为耳细胞受到了刺激，声音可以使人们有丰富的想象力，打动人的内心，人们往往会因为不同的声音而产生不同的感觉，因此声音可以对人们接收信息造成不同程度的影响。比如，喜悦活泼的声音可以使人产生一种乐观积极的感觉，含蓄温和的声音可以使人心情舒服平静。多媒体技术的普及及广泛应用，实现了对过去平面设计在视觉领域方面的超越，开拓了传递信息的渠道。

在网页中，有两种声音传递信息的形式：一种是在网页中以程序语言的方式把包括声音的文件插入其中，另一种是包括语音和音频的传递方式以多媒体元素的形式呈现出来。

第一种形式是将穿插在网页中的包括声音的文件当做网页的背景音乐展现。当浏览者在浏览这些网页的时候，背景音乐会根据网页的变化而自动播放，而音乐的实质与所浏览网页的主题在一定程度上有着某些联系。在一些个人网站、企业网站和网上论坛中，这样的背景音乐比较常见。在一些个人网页中，个人特点通常会体现得非常明显。有的人为了突显自己的个性，会根据自己的喜好来选择背景音乐；一些休闲娱乐类论坛的网页会选择一些轻音乐，让人感到心情愉悦和放松，为浏览网页的人制造一个温馨舒服的氛围，从而使人仔细观看网页的内容，进一步体会其中的奥秘。

另一种形式是广播与网络融合传达信息的。为了冲破频率限制而造成的地域束缚，将网络上最开始的广播由线性收听改为非线性收听，单向被动收听改为双向互动收听。与此同时，把以前播过就消失了的广播节目通过网络数据库改变成了可以保存的文件。现在的网页中以语音来传递信息的最重要方式就是"播客"了。"播客"相对于个人来说比较自由。人们可以根据自己的喜好选择数字广播，收听的内容、时间、方式等不再受任何限制。"播客"可以让单个的视频制作者来公布广播秀，以此增加广播节目的种类，让人接收到广播并获得信息。而频道收听者只需要下载"播客"软件，新内容新广播就能实现自动确认并进行下载。从传递信息的角度看，随着科技的不断进步，"播客"将不再受语音传输的限制；相反，它可以结合文字、信息等实现更多的呈现方式。而从接收信息的层面看，"播客"是作为一种音频文件在网络之间完成传递和接纳的，可以实现自动订阅和下载。除此之外，所订阅的内容也可以自动保存到随身携带的音乐播放器当中。虽然"播客"与广播的作用都是用来传递声音的媒体，但是"播客"的意义更为深远，它代替的是一种未来信息内容可订制且随身携带的高科技。

音频作为一个重要的传递信息的方式，为动画和视频增加了更多的活力。音频的文件形式在网络上有很多，如 mp3、midi、wmv 等，为了进一步拓展用声音来进行表达的能力，很多不同形式的音频文件都可以用不同的播放器来进行播放和辨别。

听觉的运用增加了网页信息的传递方式，但是它的本质并没有改变，依然是音频的标识和以链接的开关来完成的。除此之外，声音虽然是传递信息的媒介之一，但也不是乱用的。声音的展现，在一定程度上能影响人的心理，带给浏览网页的人一些想象。为了避免出现浏览者在浏览网页时被干扰，妨碍信息传递，在进行网页界面设计时，一定要做到采用合适的声音，对声音进行适当的改动。

以往的信息传递媒介，信息的表现形式大都是通过视觉可以呈现的视觉元素如文字、图像、色彩等完成的，这也是人类历史上最有年代感和最常见的通过视觉元素传递信息的方法。信息的接受者是所有感觉的综合体。视觉、听觉、嗅觉、触觉和味觉是人的"五感"，当人们与外界来往时，"五感"能帮助人获取外界的信息，"五感"获得的与外界相关的信息会对人造成影响，而人的感官则因这些对人们产生的影响而改变。科学实验证明：视觉获取的信息量占人类获取信息量的 70%，听觉占 20%，其他感觉器官仅占 10%；由此可见，视觉对我们传递信息有着重要作用。当然其他感官对我们接受和传递信息的影响也是不可或缺的。

在认知科学领域，人类越来越追捧除了视觉之外的听觉和触觉的各种感觉，这种非常细微的感觉作为接收信息的新方式也很受重视。研究表明，同一信息，如果只依靠阅读的方式，一段时间后，记忆度将不到 10%，而通过多感官记忆的记忆度则是前者的 5 倍还多，可见多感官记忆的效果要比单一感官记忆效果好得多。因此，传递信息要想达到高效率，不能只靠视觉，还要依靠不同的感观，我们在设计网页时，要有效利用多种传递信息的方式。

第四节　公共空间中的动态影像

公共空间的城市设计是一种科学的、客观的描述性文本，而理性的、带有个人主见的表现性文本则主要是由文学、电影构成的，两者之间是互为文本的。20 世纪 70 年代两个非常具有代表性的城市文本《看不见的城市》和《拼贴城市》很好地说明了这种互为文本的情况。城市的差异性在后现代主义的迅速蔓延下逐渐消失，因此这两部作品就是在批判主义的背景下产生的。《看不见的城市》是在 1972 年 11 月出版，而《拼贴城市》于 1978 年出版。卡尔维诺表达的城市具有一种冲突性，理性与感性相互冲突。清晰与模糊、整洁与凌乱、设计的与自然的、建筑的与随意，都带有一种朦胧感，这些都体现出了卡尔维诺的矛盾性。卡氏想通过人们对这座城市最后的怀念和不舍来使人们能清醒过来。而柯林·罗则是更多地通过折中手法来描述这座城市，它是由传统文脉意象拼贴所构成的城市。由此可见，两个作品都是作者在最先实现工业化的国家陷入了"现代城市"后的忧虑中所创作的，意义在于为工业化国家找到合适的道路。柯林·罗是以传统城市图底规则为基础进行修改的空间形式，以"拼贴城市"理论作为城市设计的具体方法，而卡尔维诺对威尼斯的拼贴是一种带有思想的拼贴。因此，卡尔维诺和柯林·罗都是通过拼贴的方式来批判现实，这也是他们隐蔽在手段后的真实想法。这两个文献在城市研究中被反复引用的情况说明，城市的文本一定会导致对城市设计的指导与深思，这也是学科内外互为文本的意义所在。

电影空间和城市空间一直是依靠电影来进行连接的。电影可以使观众产生身临其境的感觉，进一步体会当时的感受，因为电影不仅仅还原了当时的空间，也创造了一个虚幻的空间。城市电影中镜头的敏捷性，使我们同时扮演着审视者和游荡者两个角色。严格来说，审视者在一定意义上并不是真实的审视者，只是临时充当了这个角色，拥有某些权力的幻想，但并没有真正的审视者所拥有的权力；因此只能是一个视线聚集在街道中却不受街道限制、只能让身体跟着镜头移动的游荡者而已。这给一些渴望得到权力的观众以很大的满足感，给了他们一种得到权力的幻想，也使其沉浸在权力的幻想中。

就所展现出来的互为文本的现代城市和电影而言，最主要的原因有三个：第一，文化本钱（其中有历史的艺术珍宝和文化遗产、博物馆和美术馆、时尚、电影、电视、流行音乐、旅游休闲等大众文化产业）被看作和经济本钱（包括金融资本和工业资本）同等重要的财富源泉。空间经济正向符号经济转变。在全球有关城市影响力的激烈争夺中，国家政策制定者、城市管理者和私营企业家都需要对文化进行投资，打造城市形象所谓的"出售城市"或"经营城市"。第二，作为生活方式的人类学意义的文化与作为艺术的文化（文化产品与体验的精神升华，高雅文化）之间界限不断模糊。第三，人们渐渐以消费的方式去达到证明自己逐渐兴起的中产阶级的目的。

后现代的学者常喜欢讨论电影与城市的关系，可是每当谈及其背后隐藏着什么，似乎都开始沉默。我们不能不承认电影与城市在时空叙述上的相同点，但也不能认为它们是可以引导社会变得更好的独特美学。在分析文化与地理位置的关系时，电影与城市设计之间的联系起着很大的作用。

一般情况下，$A > B$怎么样，人又如何等话题，会出现在人们讨论有关城市设计与电影之间联系时，但是有一定危险性的方法，因为城市设计与电影之间关系是同时磨合进行的，每个单项的作用力中必定存在反向的作用力，但不妨先照一定的方式进行。从实践主体的角度去论述似乎可以更为清晰。要分析这个制裁的过程，先要说明在整个论述过程中起着主导作用的三种实践个体：电影创作者、设计师、观众。这三者之间的关系通常会互换，所以我们要根据这三者的关系进行讨论。这样会减少三者之间由于关系转换带来的麻烦，三者之间的关系也都能得到论述。除此之外，这三者对应着与他们生产实践密切相连的三种初始空间，电影创作者对应电影叙述空间，设计师对应概念空间，观众对应生产地点的真实体验空间（这个真实空间在电影创作者和设计师的生产地点中同样存在）。

一、电影创作者与观众、设计师

先从电影创作者（导演）谈起。电影创作者会通过所谓叙述矩阵的方式，即提前选择一些好的地理位置作为影片的配景，再运用一些街巷空间来完成情节的构造。拍摄结束后，电影文本还需经过后期剪辑和制作才能诞生。若想使影片能够在影院放映，还需制作单位对该影片进行宣传。观众通过购买电影票进入影院观看电影，参与虚拟空间的架构。而电影的设计手法（特别是商业上的营销策略）也越来越多被城市设计借用。

下面就电影中城市意象是如何反映城市设计现状及其如何被城市设计制约的问题展开详细的论述。

拟像文本是通过进入不同的时空，裁剪出真实存在的"那时那地"或是联想出的城市片段，再将其以文字或影片的方式呈现出来的。拟像文本的主要形式包括图片、小说和电影，是一种空间叙述形式。城市电影也是一种以空间描述文本的形式包含两种空间叙述的方式：一是把城市当作影片故事发生的背景；二是把城市融入故事的结构之中。城市不仅是一个空间，也参与了主人公的空间情感的构建。例如，影片《疯狂的石头》中的地点不仅是戏剧冲突发生的场所，也是影片中的人物情感寄托地。郭涛饰演的包世宏把这个地方看成了自己工作的希望，而两组盗窃分子将这个地方当作自己投机发财的理想之地。

电影中的城市意象多呈现出一种共时性。例如，贾樟柯的《世界》就是一个以电影文本的方式来批判城市意象的作品。贾樟柯作为第六代导演的代表人物，其作品具有鲜明的纪实风格。《世界》是他 2004 年执导的一部以大都市为题材的电影，是一部通过观看电影就能幻想出整个"世界"的影片。《世界》主要依靠以一个虚拟的"世界"景观为观众提供一个想象"世界"的方法，同时对都市景观的舞台化进行了深入的探讨。正如贾樟柯所说，要向 20 世纪五六十年代意大利新现实主义导演和法国新浪潮导演学习，用追问和批判的影像来表达对城市的爱。

故事的大意是：赵涛饰演的赵小桃及其男友成泰生作为民俗村的演员和保安，生活、工作在北京西郊的"世界之窗"，这里有着一些消费文化下的稀有产物，也可看到曼哈顿、巴黎等这些国际化大都市的缩影。贾樟柯多次在影片中将人物与这些大都市进行对比，以此来讽刺这种畸形的文化产物。转型时期中国社会文化空间的冲突和矛盾等，都通过该片强有力地表现出来了。在贾樟柯来看，"很多现代化景观都是假景，如楼房、城市、地铁、城铁，从另一个角度来看，对我来说都是一些假景，但是我们已经司空见惯，已变成生活中的一种实景。但这些并没有改变我们什么，没有影响到我们具体的处境，那些原始的处境没有改变"[1]。贾樟柯认为，《世界》最想表达的是"貌似开放的一个城市的一种封闭"。"整个公园就是一个装置，我当时想拍的就是中国现实，所谓现实主义可不可以有别的方法，如这个空间可不可以是一个完全虚拟的空间，就是一个装置一样的空间。"装置是导演对现代化城市空间的一种独特理解。

电影中的男女主人公虽然身处有"世界公园"之称的大都市，但他们还都说着方言，他们的身体在地理空间上从属于当前所在的这个大都市，但他们事实上并不属于这个地方；同影片中其他人物一样，有着共同的身份焦虑，一同被城市边缘化了，因此他们所处的工作环境（世界各地微缩景观的大杂烩）就只是一种视觉上的幻象。影片中所有的角色都一直在努力找寻着自身在空间的定位，从象征边缘化的空间乡下挤进北京，就是为了洗脱自己的边缘标签；然而，现实给他们泼了一大盆冷水，他们从一个边缘进入到另一个更冷的边缘。最后影片结束在一个男女主人公难得的共同拥有的空间之中，煤气中毒成为一个意指性符号。对此，导演解释说："想把影片结束在一个角落里。这个角落在世界公园之外，是那些假景之外的一个真归宿。"当死亡成为假景之外的归宿时，影片揭发的空间对不同阶层的强烈分异和空间中现实身体的不堪就显得尤为深刻。对后现代都市中微型景观的深深讽刺在影片的很多镜头中都有体现，他戏仿克莱尔《铁塔》里的一个随升降机不断上升的镜头，在电梯平缓上升的过程中，近处的缆绳齿轮快速运转，远处的城市逐渐缩小，镜头中的城市建筑尺度失真，呈现出贫瘠的建筑细部和城市地景。城市景观的荒诞和镜头的端正形成了鲜明的对比。

对设计师来讲，给他提供新的创作想法的正是电影和建筑在空间设计上的相同点，二者还可以提供新的创作手法（特别是20世纪30年代建筑向电影借鉴了许多，电影在这方面很少向现实建筑借鉴），设计出概念化的空间，而在实施之后一定会影响城市的整体面貌。城市物质形态和此前观众形成的集体

---

[1] 李玉龙. 从历史看未来艺术设计的发展——评《世界现代史》[J]. 江西社会科学，2017.

意识会影响到城市的设计。城市事实上的形状似乎越来越受影视中城市形状的影响。

（一）作为空间叙述手段

虽然城市形态的主观体现是城市意象，它是静态物质的，难以分清真实与虚拟的界限已成为现今的普遍情况。从本质上来讲，城市意象是由于城市环境影响着居民，使居民产生的对周围环境的直接或间接的经验认识空间。超级复杂的综合体是城市的代名词。对普通个体来说，理解一个城市整体面貌是艰难的，间接理解城市，感知它，必须借助电影、文学、绘画等文本，但仅从静态的物质性去理解城市意象或是集体想象是不可行的。城市的真实正是由无数个接近真实、拟仿真实的文本表征的，同时这些文本构成了城市的真实。

（二）作为空间实施手段的城市设计

以拉斯维加斯为例，进一步研究城市设计是如何使现实的空间越来越像电影中的城市的。

拉斯维加斯最早是伴随着铁路的发展繁盛起来的，广告媒体的关注造就了它早期的发展。19世纪初，一块马上成为城镇地基的地皮被蒙大拿州议员威廉·克拉克买下了，他利用广告在铁路完工后将这块沿线地皮炒得火热。拉斯维加斯的"西部形象"就是在那时奠定的。即使1907年太平洋联盟决定停用拉斯维加斯的铁路设备，但小镇并没有由此颓废，由于明确的商业领导，多样化发展，一个旅游度假的城市就此兴起。媒体的再次协力相助，使它名声大噪。当时，拉斯维加斯的城市基础设备建设因联邦政府对"阳光地带"的开发而受益匪浅。这个地带的第二次腾飞就非1931年赌博合法化莫属了。当时，洛杉矶颁布了赌博的禁令，这让原本热衷于洛杉矶的顾客逃到了拉斯维加斯。不得不提的是洛杉矶和拉斯维加斯之间高速公路的快速建设，使从洛杉矶转入拉斯维加斯成了再自然不过的趋势。20世纪40年代，战争事物、经济萧条导致的联邦资金枯竭，催生了地区经济的新转变。免于战争对"霜冻地带"的限制，士兵涌入与拉斯维加斯类似的阳光地带，战争还刺激了赌博业的发展，进一步发展了都市。

拉斯维加斯的外貌因20世纪40年代的城市设计而完全改变了。比较特殊的是拉斯维加斯的城市规划，城市没有严格的功能分区，赌场、旅馆、酒吧、展览会议组成了整个市区。走廊式的商业模式沿着拉斯维加斯大道形成，在城市内部强调小环境的人情味。

一种时尚的建筑风格在20世纪50年代宾馆建筑的狂热中形成了，即霓虹灯成了建筑物的一部分。巨型招牌成了拉斯维加斯不可或缺的都市意象。在赌场经济不景气之时，夜总会表演为赌场挽回了不少损失，同时为了留住更多的赌客，酒店的数量成倍增长。

拉斯维加斯在城市规划上对功能的忽视同样在建筑上体现得淋漓尽致。建筑内部不是特别在乎功能，而是强调氛围的营造和体验设计，可以说一切设计都在谋求商业的最大化。拉斯维加斯在 20 世纪 60 年代形成了自己的建筑学理念，高层建筑成了每个旅馆计划的一部分。在拉斯维加斯赌场内没有窗户，也没有钟表，24 小时供应早餐，并且早餐的优惠时段设置在凌晨到 6 点钟之间。赌场延长游客的逗留时间的计策，正是靠所有的"精心设计"模糊游客的时间观念实现的。但空间引导是清晰的。虽然指向性强的直线型路段在饭店没有体现，但都要经过赌场后才能到达秀场或者餐厅，而在这段路中又设置了各种观看性强的夸张桥段，如叠放在一起的千万美元、明星演唱会、创意十足的派对，这些都让你在路过时忍不住小赌一把。

拉斯维加斯的城市设计中杂糅了太多的想象，或者说它被与电影类似的娱乐思维所操控，模仿电影创造一种生命、一座城市。拉斯维加斯的汽车文化与布景结合，让挡风玻璃成为电影的荧幕。在这种情形下，城市设计就更接近电影的体验。每个旅馆都有自己独特的主题，个性十足的主题构成了拉斯维加斯的布景式都市景象，如彼此都在尽情地表演自身，彼此之间并没有直接的联系，蒙太奇式景观构成了城市鲜明的特色。拉斯维加斯的建筑将电影式的超现实想象再现的空间的符号集合起来，是想象的现实化。

二、观众、设计师、电影创作者

总体来说，观众可以当作是日常生活实践空间。人们在这种城市空间中进行生产实践，因此城市的真实意象来源于城市形态。而城市设计模型化空间的本质成果正是城市形态，在此已无须叙述城市设计对主体的真实空间体验的影响。二是进入电影院感受的电影文本。电影导演的指导与情节设计，电影的讲述方式（如剧情的高潮、反转点），而观众对观看到的内容也会有自己的想法和感受，这就产生了一种控制与反控制的力量博弈，结果是形成了一种多主题矩阵，一千个人眼中有一千个哈姆雷特。看到的物体也不同。所以，对观众来说，城市设计是真实感知空间，电影则是虚拟感知空间，两者对观众来说都存在控制与反控制，只是反控制不能像电影中那样即刻轻松地在个人范围内实现，前者的反控制受到制约，它取决于多个行为个体的集体反作用（公众参与、上访）。

三、总体流程分析

经过以上分析，可以轻松画出一张描绘了电影与城市设计的循环程序图。正如数学流程图一样，每一条线都有自己的含义。例如，生产过程用黑线表示，虚线则代表了主要的感触过程，而一般路径由流线表示，黄色色块的实践主体——导演由黄色流线表示，红色色块实践主体——设计师由红色流线代表，蓝色色块的实践主体——观众由蓝色流线表示（虽然设计师也有普通人的一面，但是他们在这张图中主要是充当其专业角色）。开始故事从客观存在的真实实践主体所处的生产地点开始，生产生活空间城市物质形态和城市文化组成，是城市意象所有主流认识的源头。一般城市的实践主体体验到的是真实感知一种城市景象，是所有实践主体进行专业社会实践的背景设定创造了这个真实感知。因此，导演在拍摄过程中，取景的角度也会因为文本不同而大有改变，同时受到影响的还有设计师概念性空间的制作。导演将创作成果商业化，电影文本通过大众媒介传播，观众所在地理位置（如电影院、家庭影院、电脑前）主体参与进入电影阐述，形成了一种虚拟体验空间。在看完整部影片之后，这类空间会在意识中与日常生活中的真实感受混淆在一起，虚拟与真实两种感知融合的想象空间就此形成。随着网络的传播，个体的意象空间与其他个体的意象空间也会形成某种共识，达到一种共同的集体想象。集体想象以意愿或批判的方式表现城市设计概念，这一点可以解释设计师或者导演也有着和普通人一样的消费理念，因此在创作过程中不可能保证完全不受个人因素的影响。所以，从某个层面来看，论控制性，电影等阐述性方式，的确不如城市设计那样效果明显，但是它会构成既定的集体性记忆，会对城市设计造成一定影响。

电影对建筑技术最典型的应用是表皮的直接影音化，通过建筑的形式掩饰了内在，而在表面传达出更多内容。城市空间的构成与建筑空间的综合特征在创造情境性空间时和电影蒙太奇有很大共同点，电影的蒙太奇方式也常为建筑师借用，成为建筑叙事的一种手法。

媒介创造我们的文化内容，网络将各种交流方式整合进了电子传播系统。多媒体系统和网络系统的相互依存，不同文化语言符号的解码与翻译，使虚拟的现实文化充斥着我们的生活，其中一种就是电影。一方面，电影从城市母体之中抽取题材，折射出城市文化产业；同时现代城市中具有多重意义的电影空间在影像媒介与其他媒介一同构成了现代城市中具有多重指涉的电影空间，电影空间又成为新的城市空间想象，并形成了一个多元化的城市公共空间。在这一个公共空间里得以完成的有电影的生产、观赏、消费、评价、影响以及再生产机制。另一方面。通过电影传播属性，依托城市消费的样式，提供了社会文化语境，传播着城市文化，它们之间是不断的互动及想象的关系而非简单的展现与被展现的关系。中国的现代变革过程中更是如此，它促成了中国电影的发展，又让当代中国人关于"全球化""消费社会""未来"的一系列新的空间想象在这些电影的发展历程中得以展现。

随着城市及建筑影像在网络中不断地被传播、复制，建筑图像化、碎片化的混杂结果逐渐加深。有时，设计的主要依据正是大众媒介平台上的建筑影像，甚至建筑影像的消费者有可能是建筑师。作为城市文化的一部分，电影与城市、建筑一样都从追求纯粹性、永恒性转变为追求不同性、短暂性和持续性。当代建筑并非非得为城市文化而存在不可，它是生产的空间载体和消费的空间载体，因此也构成一部分的城市文化产业，它被文化创造出来，也是文化的创造者。

好的上市公司一定要有一定的文化产物，而电影就是其中一种。由于蒙太奇式的叙述手法，给观影者一定的想象空间，人与空间的关系就此建立。这种看似自由却依然受控于叙事者的体验性，正是电影在商业上的成功之处。而这种体验性越来越为城市设计所借鉴，表现出来是更多的互动性情境空间的创造，通过借用符号以最低的人力、物力成本来实现交换价值的最大化。

一般来说，城市的建造都源于一张张图纸，从感知角度来看，那些发生在城市中的电影情节是基于建筑的真实存在。也就是说，因为讲述的故事就是在城市中发生的，所以城市中的建筑也会出现在电影里，电影通常会用这些建筑作故事的背景或者一些情节的解释，从空间手法的技术应用层面及虚拟的空间建构中传达出原本蕴含在城市内部的意识，可以看出其电影对城市设计的反制作用，这种意识持续影响受众和整个城市的集体意识，是在意识层面上通过谋划集体想象参与到城市设计中，更重要的是在经济层面上为城市设计提供一种营造体验快感的符号样本，并利用空间体验、总结消费者的经验将其沿用至空间商品化上，即借用电影中营造虚拟快感的方式，将其嫁接到建筑上，在建筑中实现虚拟的符号消费。

第五节　交互界面中的动态影像

20世纪80年代，比尔·莫格里奇在一次设计会议上首次提出了交互设计（Interaction Design）概念，它是一门针对交互体验的新兴学科——主要通过交互界面实现人和计算机的信息交流。如今，随着手机产业的飞速发展，用户界面一般都是图形交互界面。用户界面和人机交互过程主要依靠视觉传达和手动控制，这是因为只有用户通过对图形的辨认和控制相关的交互元素才能进行有目的操作。

传统人机交互学及相关的"可用性"设计产业，在人机交互设计的开始阶段，为交互界面设计的发展奠定了概念基础。交互设计涉及的学科有心理学、计算机科学、数字媒体艺术、设计艺术学、社会学、人因学等，可见其是一种多学科交叉的研究。为了实现人与设备间"低认知负荷"交互体验的最终目标，提倡"以用户活动为中心"的目标导向设计方法，不仅注重"可用性"，还必须以"易用性"为重要的评价标准。相比仅如实交付产品的可用性产业，更多关注创造未来的"用户体验"的人机交互设计将会有更长远的发展。

美国Adaptive Path高级交互设计师丹·萨弗（Dan Saffer）曾具体阐述过交互设计的主要组成元素。

第一，时间。想要有效提升用户体验，就要适当地控制时间长短。因为用户通常不喜欢过长的操作流程，也常会因为过多的反馈环节产生疑惑和不安，他们会认为这是因为操作失败而产生的表现。

第二，空间。无论现实空间还是虚拟空间，无论运动中的空间还是静止的空间，所有的交互行为都发生在空间里。

第三，外观。产品的外观就跟人的外貌一样，是给人的视觉感受，一般包括其大小和颜色、质感和形状。

第四，动作。连贯的动作就是完整的动画，给人以美的视觉享受，包括人的行为和设备行为这两方面，交互设计就是在研究其组成方式。

第五，方式。交互方式通常用以直接表明或间接暗示用户为产品操作方法。

第六，声音。在用户进行操作时，给人以听觉上的反馈。

互联网行业的从业人员越来越多，涉及移动设备的交互，不只是表面尺寸或物理形式的变化。事实上，在其设计标准与规范方面移动互联网与传统互联网相关设计存在根本性不同。与桌面计算机相比，移动设备交互界面使用的周围环境非常重要，因为也许在纷乱的环境中使用它们。另外，要区别看待与处理移动设备与常规桌面计算机在交互界面上的设计，因为移动设备屏幕的尺寸和分辨率，处理器的计算能力有局限性。

纸面传播是信息传播的最初方式，后来演变为"界面传播"——原来纸张上的色彩与文字被屏幕上色彩斑斓的图片取代了。一张张的唱片和磁带也成了移动设备上的数字信息流和文件。当下，人们通过手机就可以查遍生活中各个方面的信息，做到足不出户就能看到世界各地，但问题依旧存在。因为信息数量日益增长，有些不真实的、负面的信息也就接踵而至，所以有效的信息传播受到了阻碍。这是在交互界面设计的普适化、微型化、多通道化的发展趋势中亟待解决的问题。因此对移动设备的界面设计研究是交互设计相关研究中的一个重点。

人机交互的发展，经历了最初的手工作业阶段、计算机控制语言及交互命令语言交互阶段（Command-Line Interface，CLI），如 DOS 操作系统就属于人机交互初级阶段中。

图形用户交互界面阶段（Graphical User Interface，GUI），如微软公司的 Windows 和苹果公司的 MacintoshOS 等即为事件驱动技术为核心，用户通过识别图形并控制交互元素来进行操作，这个过程依赖于视觉与手动控制；另外，在图形交互界面的发展过程中还产生了直接操作用户界面、网络用户界面等不同操作与运行方式的分支。

最后是作为新出现的多媒体、多通道的智能人机交互阶段（Multimodal User Interface，MUI）。加入了各种音频、视频等多种媒体元素就是所谓的"多媒体元素"，其中视频动画元素大大提升了用户接收信息的效率，也丰富了信息传播的表现形式。为了消除图形交互界面和多媒体用户界面之间通信带宽不平衡的瓶颈，可将多通道方式引入用户界面设计中，应用新的交互通道和交互技术间的协作与并行技术（如手写、眼动、语音或手势，甚至脑电波等）创造出一种自然的、直觉的、活动的交互环境，提高人机交互的高效性。

将原本静态的平面图像经过动态的设定使其呈现出动感，就是动态图像设计。让静态平面设计的元素动态化，或者让文字动画代替静态文字，甚至以图形图像模拟创造一个 3D 的虚拟空间，传统动画通常由角色来叙述故事，不时也有角色出现在动态图像设计中，故事阐述却很少有长时间的。一个世纪以前随着电影一起产生的动态图像设计现已发展至一个新的高点，在网站、LOGO、电影片头剧情、手机交互界面、广告等领域中随处可见它的身影，它表现出的吸引力远大于静态文字和图像。

1832 年，Joseph Plateau 和 Simonvon Stampfer 发明了视觉暂留效应转盘。而后电影片头字幕在历经 SaulBass 多次试验后被成功制作，近代 Motion Graphic 的开始就是由此产生的。1960 年，一家名为 Motion Graphics 的公司在美国动画师 John Whitney 名下成立，他让"Motion Graphics"第一次作为术语出现。20 世纪中后期，交互设计、影视与数字艺术相交织，动态图形效果作为主要视觉艺术形式大量出现在各种互联网产品中，"动态化效果"一词也就由此产生了。

格式塔心理学美学的代表人物之一的鲁道夫·阿恩海姆（Rudolf Arnheim）发现，人们不需要理性的思考和辨别就能得出对物体动态的认识和决策，依靠人们在接触到图形图像的瞬间所产生的知觉的选择及判断，便可以辨别一个物体的驱动方向。在格式塔组织原则中有一种现象被称为闭合原则（closure），指当人通过视觉去看现实中事物的运动轨迹时，便会在人的记忆中积累出一定的视觉经验，将现实的世界与抽象的思维联系起来，这是一种人类产生的反应。

但是，在交互界面设计的过程中，使用 Motion Grapics 可将具有引导作用的动态化效果通过一定的视觉样式和形状色彩的动态组合形成的图形意象来进行一定目的视觉向导，使处于无意识但可以完全自主情况下的用户接收信息并进行人机互动。可见，交互界面中应用的理论支持源于格式塔心理学中的视知觉闭合原则与共同方向原则。正如比尔·盖茨在 2008 年国际消费类电子产品展会（CES）上所说的，如果"文本界面"作为第一代人机界面，传统的静态图形界面作为第二代，那么"动态图形界面"就可以看作是第三代新型人机界面。

设备运行时间内和交互过程中出现的动画效果就是交互界面动态化视觉效果（动态化效果）。英文相关文献中称 Animation，国内暂译为交互动效，而交互界面中内动画效果不只包含交互动效，还包含信息动态化设计和自展示动效。因此，交互动效（动效）一词存在局限，为了不混淆，在本书中统称动态化效果。

伴随计算机技术的发展而诞生的视听设计新课题越来越多，如动态图像设计与移动设备图形化交互界面融合发展，形成了交互界面中的动态化效果，信息传播的形式得到了很好的丰富，同时文本更简便易懂，更快速，还通过多媒体技术将图形、声音、动画或视频等多种元素进行了整合。动画效果技术在交互界面设计这一交叉学科中得到运用且越来越广泛，这归功于随着计算机产业的持续发展它使这项技术从传统动画片中脱离出来。移动设备 APP 和 web 网络中的交互动画运用，已经完全融合于交互界面的设计中。随着体验经济时代的到来，成功的产品不再只是展示各种高科技技术，而转向关注产品内强大功能对用户的实际有效性。同时，用户不只是注重功能和界面的强大和美观，还对产品的交互界面提出了新要求。产品易用性评价的关键因素之一就是交互界面的友好性（良好的体验性和情感互动），动画运用作为交互设计实现的一种方式，不仅可以给用户一个自然流畅的交互体验感，还可以提高交互操作的人性化和友好性。

交互动态化效果作为一种移动设备交互行为，为中新的艺术表现形式、艺术创作和商业设计行业，提供了广泛的活动空间；能够对传统动画的视听艺术因素进行改造和解析，提供可以互动的感官体验。交互动态化效果作为一种传统艺术与现代信息技术的有机结合，为用户与产品间创造了一个良好的互动关系与沟通媒介；其中，视觉性的交互动态化效果是基于移动设备交互界面动态化的一种方式，可以为用户提供效仿自然的、符合认知逻辑和物理规律的视觉交互动态化效果，使动态化效果有效地暗示、指引用户。动态化效果的设计要根据用户行为而定。在独立的场景中，通过动态化效果，可以让组件的变化或移动更连续和平滑，使用户充分了解正在发生的变化。有意义、合理的动态化效果更好地维持了整个系统体验的连贯性，还可以吸引用户目光。将应用中所有独立存在的动态化效果通过系统化构建和合理化空间利用，通过交互元素构成实体隐喻：基于触摸屏幕的交互界面实体的基础是触感，界面中一个实体的表面负责提供真的视觉感受，而为了给用户带来与众不同的触感，加入了动态化效果，如此一来，熟悉的视觉和触感可以让用户更快地理解和认知。

现今，移动设备应用的视觉界面动态化效果有各种各样的分类方式，其中以功能划分的方式适用于 App 开发，具体分为以下几种：

第一，帮助引导。移动设备的应用存在于生活的各个方面，其功能越来越全面，流程越来越复杂。新手引导设计是必须存在的，新手引导界面的动态效果提高了用户的积极性，避免了可能的认知疲劳，同时帮助用户快速理解应用程序的功能和特定任务的操作。例如，使用简单的动画样式来指导用户进行逐步操作，并模拟显示操作结果。

第二，页面切换。用户使用移动设备应用完成任务需要经过多个页面的操作，在页面与页面的切换中插入动态化效果能使操作变得灵活、有趣，同时通过特殊动态化效果的方向性来建立应用的逻辑结构，帮助用户建立心理模型。

在应用界面中，页面切换频率很快，且 iOS、Android 等操作系统都提供了很多标准的页面切换动态化效果 API。

常用的页面切换动画有位移、弱化、缩小、放大、旋转、透明或自定义形变等效果，还可通过多种动画效果的组合设计出更多种的组合效果。根据应用页面的逻辑特性定义页面之间的切换动画，同类操作应使用同样的动画效果。要注意的是，移动互联网应用界面不应使用两种以上不同风格的动画效果，因为需要避免造成用户混乱和认知疲劳。

第三，动作响应。动作响应是指当用户在交互界面进行操作时，界面中出现动态化效果以对用户的当前操作状态进行提示与反馈。例如，当用户长按短消息时，二级操作菜单将会用动画的形式登场；当用户在购物软件中点"加入收藏夹"选项时，界面系统清楚地将一个物品加入收藏夹的操作过程以动画的形式反馈给用户。常见的诸如此类的动画应该是简短的并与操作内容有关的。

第四，自展示效果。除了对用户操作的反馈外，一些交互界面中也存在动态化效果，它可以独立显示而不触发操作。例如，WP 操作系统 Metro 界面中的动态瓷砖部分以及 HTC 最早在 HTC Sense 界面中添加了缤纷聚合界面等功能。这种短暂的"小惊喜"可以吸引部分用户的注意力，但是长时间、高频率滥用很容易降低用户对移动设备的使用体验，也会占用更多的硬件性能资源。

一、交互界面动态化效果相关影响因素分析

传统的用户交互界面通常是页面之间通过瞬间跳转和切换的静态页面集合，且在设计过程中对单页内容效果的重视程度要强于对页面切换跳转的处理。由于缺乏足够的用户期望，这些未设计的瞬时切换动作通常很难让人明白其中的含义。有时，夸张的动画效果也能让用户开心愉悦，同时明白设计者的用意，但这样的情况通常只存于卡通动画中。相较于注重故事和娱乐意义的动画，交互界面动态化效果的功能性更加突出。

（一）动态化效果的运动规律分析

一个好的动态效果的制作需要对物体运动规律进行分析，并且掌握传统的绘画速写方法，还需要以极强的时间控制观念通过这些不同领域的技巧组合来赋予代表不同物体的图形以生命力。在动画发展的这些年中，动画师已经开发出数以万计的动画设计方法。例如，迪士尼公司动画师 Ollie Johnston 与 Frank Thomas 共同撰写的《The Illusion of Life》一书中提出了"动画的十二个基本原

则"，这就是动画师需要遵循的传统原则。下面介绍一些同时符合 UI 和动画兼容的设计原则：

1. 弹性拉伸和挤压效果

柔体相对钢体而言，有着很好的弹力，以弹性来表现物体的形变，强调瞬间的物理变形现象，可以给用户超出预期的兴奋感。

2. 呈现方式设计

独特的动态化效果可以用来表现物体的外观、结构和展示方式。如果有需要还可以配合摄像机运动，轻松地表现出人物的特别之处和场景的细节部分。

3. 添加预备动作

在物体运动的开始，可以增加一小段反向运动的动作来加强其向前运动的张力，并借此来表现下一个将要发生的动作属性。

4. 惯性跟随和重叠动作

自然界中物体的运动是一部分与另一部分相互衔接的，没有任何一种物体会突然间完全停止，这是瓦尔特·迪士尼（Walt Disney）当初对运动物体的基本诠释。后来，动画师也对这项理论做出了合理的解释，他们称之为"跟随动作"和"重复动作"。我们甚至可以用一个更科学的方式来描述这个原理，即：广义相对论"动者恒动"中的惯性原理。

5. 缓入与缓出

惯性原理更典型的表现是：从静态运动开始，任何物体都会逐渐加速运动，而从运动状态回到静止状态，则呈现逐渐减慢的减速运动。

6. 弧形运动轨迹

弧线的使用可以给用户带来美的享受。凡运动的生物其任何部分都可以分解为弯曲的弧线。

7. 附属动作设计

在以往的动画中，当角色表演主要动作时，附属于角色的一些配件会以附属动作来装饰主要动作。在界面设计中，我们也可以使用线和点来装饰面和线，从而增加附属动作，增加观赏性。

8. 夸张变形

传统动画通常使用夸张的肢体动作，或利用挤压和拉伸的夸张效果，对角色的情绪反应进行加成。正因如此，动画才和一般表演存在根本性差异。在界面设计的动态化效果中，要想突出某些元素时也可以使用夸张的手法。

（二）动态化效果的时间与节奏分析

19世纪，美国心理学家阿特金森和席福瑞从持续时间角度提出记忆的三级信息加工模型，即短时记忆、印象记忆与长久记忆。

感觉记忆又称瞬时记忆，一切通过感觉器官的活动产生的感知结束后，其信息仍能继续保持一个极短暂的时间，持续约2秒左右。基于为用户记忆负担考虑，这种不牢固且直接作用于感知觉的第一级记忆，最适合交互动态化效果的传达，所以设计一个合适的、和动作结合的动态化视觉效果，持续时间通常为1秒，一般不超过2秒。而包含文字信息的动态化元素出现，也要留出足够的阅读时间。

在常用的手机操作系统中，iOS比Android更加流畅，这是大部分用户的评价。针对这个问题，笔者试图利用对比法加以分析。使用iPad Air 2（iOS9.2）和小米平板（Android4.4）来对比"新浪微博"应用的信息流卷动态化效果的交互效果，结果是显而易见的，iOS在直观感受上比Android表现出的体验更流畅，具体原因如下：

1. 速度曲线因素

本书中提到的曲线特指运动曲线，具体来说的是运动曲线，其本质是一条时间/位移函数曲线，曲线的斜率为速度。其中，常见的慢动函数曲线主要包括缓出、缓入、缓动和弹性四大类。

例如，当用户通过滑动操作界面然后放开时，界面将会以减速状态继续滑动，直至速度降为零才完全停住。在这一过程中，iOS系统速度从减小到静止整个过程用时较长，尤其是在接近停止的阶段，类似ease in Out Quart曲线。从开始到停止，Android系统的速度要快得多，ease in Out Cubic曲线。从设计事理学角度看，我们滑动界面的最终目的不是为了"动"，而是为了"停"，这个过程越早越好，所以Android的做法是理所当然的；但事实是，用户通常会接受iOS，因为其使用感更加流畅，更自然。

2. 每秒帧数因素

为了保持运动的视觉效果，根据视觉暂留原理，界面元素在运动时帧速率必须足够高（人眼在动画达到每秒24帧及其以上时就分辨不出是画面闪动，而看到正常的运动影像）。

在大多数情况下，作对比的两者都能保持最高帧率约60 FPS。虽然偶尔会出现一些掉帧的情况，但Android的帧数比iOS掉得要严重得多，用户体验肯定会受到影响。因此，正如Adaptive Path的高级交互设计师Dan Saffer所说，时间是交互设计中的一个重要元素。简单地说，交互动态化效果是单位时间内的图形的形态、颜色变化和运动，而时间的持续长度是评价动态化效果的关键因素，这也是控制动画节奏的最基本理念。

3. 响应优先级因素

从手指触碰屏幕到屏幕通过处理显示反馈画面需要一定的时间，这个时间越短，感觉越流畅。在处理器性能相似的情况下，两者的用户体验受软件系统层面差异的影响。Android 的响应优先级是 App>Surface Flinger>Display，这比 iOS 的 App>Display 多了一步，虽然这是 Android 开放性的必然代价，但由于这个原因，其屏幕的最终显示速度比 iOS 要慢。

在许多设计项目中，取决于不同的网络速度和硬件处理速度，加载动态化效果几乎无处不在。切换页面时，即使切换到幻灯片，组件也会加载。同时，还可以用于填充数据加载时间的过程，表现状态改变的过程，或者填补出现崩溃和错误的页面，将出现的错误和等待时间转化为更容易接受甚至令人愉快的细节。

目前，在移动设备的系统和 APP 中，不少公司都做出了许多吸引用户的交互动态化效果和展示性动画，苹果公司的官方文档对交互动态化效果的解读为"精细而恰当的动画效果可以传达设备的状态，增强用户对操作的感知，通过可视化的方式向用户呈现操作结果"。然而，实现这一目标并不容易，现在的移动设备交互界面中动态化效果还有很多不足。

（三）视觉与功能的失衡

在格式塔心理学中，功能可见性或可承担性是一个重要部分，心理学家唐纳德·诺曼也认为事物本身会表现出两种特质：一种是实际的物理特质；另一种是用户可以察觉到的提示性特制。在交互界面中，在产品中了解对预期行为可能会造成强化或干扰的设计元素。

ISO13407 作为一个与交互系统有关的以人为本的国际标准设计过程，它本着为用户服务的原则，进行研发设计和关键活动的设计，它还可以对产品是否符合以用户为中心的设计方法进行评估认证。为了使视觉和功能协调，除了要遵循 ISO13407 的可用性原则之外，也要在设计中平衡两者的比重。

在信息或操作的反馈中，交互界面的动态化效果经常会出现，一般情况下，交互的动态效果可以通过动态交互体验或视觉体验让用户感到轻松愉快。但有时候不能简单使用动态化效果，如用户专注于某项任务的创建，要尽量避免使用动态化效果的时候。从这个角度看，设计者可以将移动设备屏幕作为一个物理空间，将界面元素视为一个真实的物理实体，它们可以在其中打开、关闭、移动、完全展开或缩小为一点；而动态化效果则随动作自然变化，同时为用户做出引导，不论在交互动作前、过程中还是完成后，以降低用户厌烦感，减少不必要的文字说明为原则。

如今，智能手机屏幕的尺寸越来越大，分辨率也越来越高，但仍然受到屏幕空间的限制。为了更好地利用手机屏幕空间，以内容为核心的界面布局十分重要，它可以满足用户的期望，这是手机 APP 成功的关键。

把用户的语言、惯有的思维方式放到应用中去组织内容，这样用户就能更快地找到所需的内容。把多余的只会扰乱思路的内容删掉，不仅提升了屏幕的使用率，还在相对小的屏幕内为用户提供了最大化的信息。

（四）直觉性与情感化缺失

交互界面主要通过设计出独特的动态化效果来创造足以吸引用户的效果。在确保风格一致的情况下，令动态化效果的细节特征符合现实或交互中约定俗成的规则，符合用户的直觉，增加了用户的可预期性。另外，交互动态化效果设计也强化了用户的交互经验，从而保持了用户黏性。

情感特征是除了清晰易懂的直觉外动态化效果存在的另一种特点。用户在看到动画符号时，常会通过联想真实事物的含义来理解相关操作。积极的情绪反应通常由良好的 UI 动态化效果引起，如平滑、顺滑、符合观星的移动能带来舒适感，通常情况下，愉悦和快感将被及时反馈动作的执行带来。作为情感化设计的载体之一，动态化效果经常被用来满足用户的情感需求。它在可用性良好的前提下可以使界面更加生动活泼，并且增加产品的亮点。

用户不看产品说明书也能理解元素含义的界面设计才能算是一个好的界面设计。但是，适当的帮助信息与提示反馈，能够使用户更快找到自己所需要的功能，并进行操作完成任务。界面中的常规帮助可以使界面置于用户操作之下，使用户随时掌握运行和操作的状态。当用户没有意识到自己的错误时，系统会以反馈的形式告知用户的错误，以便他们能够立刻改正，并规划接下来的步骤。

随着科技的不断进步，智能手机行业发展变幻莫测，但从图标或图形上看，有时候很难懂得其具体的功能；而人性化的帮助信息是最好的解读方式，对难以理解的功能和辨识度不高的图标加入帮助说明，以此让用户了解手机功能，减轻用户认知负担，有效利用资源完成任务。

（五）整体编排的混乱

在研究动态化效果的整体设计方案时，如何让使用感大大提升，一直备受关注。关于移动设备交互界面中的自定义动态,要在应用程序内保持视觉和使用方法的一致性,让用户通过使用应用程序而不断积累认知。也就是说,让相似的动画格式出现在相似的环境之中,可以提升使用感。本·乔森提出了程序内动态化效果的编排公式"一个单元的欢迎动画+六个单元的告知动态化效果+一两个单元令人愉悦的细节动态化效果"。

1. 一个单元的欢迎动画

顾客在接触一个从未接触过的应用时,往往会被一段欢迎动画所吸引,这段动画不仅包括产品基本信息和使用方法,体现了设计者的情感,还有一定的趣味性,让用户更有耐心。某些应用会使用一段视频或幻灯片来教会用户如何使用程序。Ben Johnson说:"第一时间了解使用方法对用户至关重要。"

2. 六个单元的信息动态化效果

使用向导动态化效果,属于告知动态化效果。使用向导一旦超过六个,将让用户觉得很难使用,而另一些有暗示结果的告知动态化效果会让效果更直观。例如,在iOS应用程序中有这样一个动画:想要一个邮件不再出现在邮箱里时,点击删除,那么邮件会在缩小之后"飞向"右上角的"垃圾桶"。

3. 一两个令人愉悦的细节动态化效果

设计幻灯片时,我们总不满足于简单而直接地切换到下一页,而想要使过渡和转换的过程顺畅、平滑,有必要使用动态化效果。比如,在Path应用程序中点击其他人的头像时,一个卡片会从上方飞速掉下来,且卡片上有一个弹跳效果。在选择后退时,卡片也是在弹跳后退出界面。这个弹跳动态化效果与点击Path主页左下"+"按钮后菜单的弹跳效果一样。

即使是一些很细微的地方,通常也能因动态化效果而深深吸引用户。比如,在Jetsetter应用中进入下一个页面的时候,左上角的方向按钮会以一个简洁的动态化效果来吸引用户的注意,并告知用户当前状态:"现在这是在返回主菜单。"

在大数据下看,设计越多,越应该能满足更多用户的需求,但是很多产品没有搞清核心用户的需求,只追求视觉感知,而忽视了产品的本质和用户的审美取向。在这种情况下,设计在这种情况下不到位的地方越来越多,产品本身也就缺乏设计。一般来说,人们的目光容易被交互界面动态化设计效果所吸引,但试想如果你是一名用户,当你面对一个有着华丽的外包装、时间超长的动态内容时,是否会有被干扰到的感觉呢?答案是肯定的。在这种情况下,产品本身想表达的内容就极有可能被用户忽略。可见,动态化效果有利有弊,使用得当会为产品增色，使用不当则会适得其反。

例如，在某应用中，进入注册页面直接点击文字本身就可以了，但是应用却一直想要体现出"登录"与"注册"这两种可选择的操作，要知道开关控制的移动动态化效果并不是选择，只要开关打开即可完成任务，这就容易使用户对操作结果产生错误的预期。所以，并不是说在交互界面中设置动态图形就可以称之为"动态化设计"；与动态图形这种艺术形式不同，交互界面中动态化设计更偏重功能性设计，动态化设计的基本原则是以用户为中心，同时用户使用体验的思考体现了设计与艺术的本质不同。比如，当面临一些严肃的任务或者生产性任务时，过多的动画只会画蛇添足；使用过度，还会打乱应用的使用流程，降低应用的性能，使用户分心。另外，移动延迟或帧率下降到每秒24帧以下，便会造成卡顿的现象，这些都是因为过度使用动态化效果而产生的问题。所以，我们必须十分谨慎，在设计动态化效果时，要把用户体验作为产品研发的根本准则，坚决抵制形式重于内涵的设计理念。

动态化效果必须注意克制性。我们应谨慎地设计交互动态化效果，特别是在那些不适合提供沉浸式用户体验的应用里，特效太多只会降低用户体验感，使其分心。对动态化效果设计师来说，把握好功能与美观这个微妙的平衡非常重要。动态化效果是用来保持用户的关注点并引导用户操作的，被合理的使用才能提高用户的理解度与愉悦度。同时，对一些出现次数多的操作也要认真仔细地设计动画，以免过多地出现使用户产生厌恶的心理，并在设置中给用户提供自定义关闭动画的选择。

第六节　舞台美术中的动态影像

舞台是空间，而不是画面。安东尼·阿尔托（Antonin Artaud）认为，"舞台，首先是一个要装满的空间和一个发生什么事情的地方"。现代舞台设计在继承克雷、阿庇亚、厄文·皮斯卡托等人的设计观点的同时，更注重对空间、视觉构图的表达。可以这样认为，舞台艺术在无限的空间中选取有限的内容，进而产生联想，再经过特定形式的转化，表现出它的物化形态，最后在具体的场所将这种视觉感受传递给观众。这"无限空间"也可称为"舞台空间"，它是具有多种内涵的约定俗称的代名词。

现代舞台空间随着科学技术的发展而有了一个全新的表演形式，其地位也由以前的剧本描述、导演构思、演员表演的附带功能空间转变成现在戏剧存在的根本前提。现代舞台空间的概念可分为由物质实体所围成的空间（舞台场景）和由舞台上的剧中人之间的虚构交往、演员与观众的现实交往所构成的流动空间。前者有着自身的视觉形象，能够向观众传递演出内容中虚构世界的信息与情感。后者注重观众与演员之间的互动，使观众获得满足与愉悦。两者结合在一起，成为空间与时间、空间与意义空间与交往的综合体。

除此之外，舞台设计师还要重视舞台视觉流程的作用。所谓舞台视觉流程，是指舞台视觉设计对观众的视觉引导。即在一般情况下，如何通过空间布局、布景设置、灯光搭配等构成要素进行空间定位，传达出震撼人心的情绪与思想，欣赏舞台视觉效果与戏剧主旨的融合。这个过程。首先是捕捉观众的目光。当大幕开启时，设计师需在舞台空间中选取最佳视阈，捕捉观众的注意力，表现出戏剧的风格体裁，暗示故事环境，使观众获得对舞台视觉效果的第一印象。其次是信息的传递。设计师在演出期间要把由舞台场景和演员等视觉要素组成的空间变化给观众展现出来，规划运动的流程秩序，引导观众的视觉流向，让观众体会到物质空间、戏剧动作、舞台调度等结合的四维空间的流动美。最后是印象的留存。在演出的全程中，增强观众与演员之间的互动性，激发双方的思维，使他们进入反思、领悟、记忆的过程中，共享意识之美。

因此，舞台设计师要掌握好舞台视觉设计流程，考虑观众的生理和心理需求，具备创新的空间意识和视觉表现手段，在统一风格下，充分考虑戏剧动作，在空间形态的物质化与空间意识的精神化之间相互融合，最终呈现出舞台视觉效果，进而烘托演出氛围，传播文化内涵。所以，舞美设计师要先从舞台空间格局开始了解其空间设计的特点和规律，再寻找空间设计与视觉设计的内在联系，进而呈现出精致、独特的舞台视觉效果。

一、现代舞台空间形态的新特点

舞台空间形态随着现代舞台空间格局的发展而焕然一新，其主要表现在两方面。一是建筑艺术方面。建筑空间和舞台空间在实用性与艺术性两方面有许多相同点，且都可作为人类持续动作和视觉记忆的载体。但是，两者相比较而言，舞台空间形态较小，结构更加灵活多变，可被视作浓缩的建筑空间。因此，舞台美术创作需要从建筑设计中寻找经验和灵感，创造更好的舞台"大空间"。二是舞台技术方面随着科技元素对建筑空间与舞台空间的渗透，两者在空间形态上有了更加深入的融合。先进的舞台机械设备需要依托建筑的空间形态，才能将灵活多变的构件运动方式与舞台设计结合，进而丰富舞台的"小空间"。

（一）舞台空间结构多元化

舞台空间有极强的功能性，既要满足演出内容的需要，又要与舞台氛围与视觉形象相融合，因此要因"剧"制宜来进行空间结构的设计。虽然戏剧可以存在于任意一个观众和演员存在的空间里，但前提是戏剧的演出应该发生在专门以演出为目的而建造的剧场里。舞台空间创作的两大积极因素——观众区与表演区，其变化和组合也生成了多种结构和组合方式。例如，从古希腊剧场到今天的镜框式舞台、伸出式舞台、中心舞台、可变式舞台、流动性舞台、广场演出、竞技场模式、黑匣子剧场、戏曲舞台等。这种现象的出现，促进了舞台空间艺术与建筑艺术的进一步融合，促进了建筑师跨界舞台设计，从而将建筑设计的理念、造型手法与技术渗透到了舞台美术领域，增强了舞台空间艺术的包容性，丰富了其结构形式。近年来，舞台空间变化很大，突破了传统的剧院空间的概念，转而融入更为广阔的空间场景之中，《又见平遥》就是最好的证明。2013年，中国导演王潮歌与建筑师合作打造了一个大型实景室内剧场来再现平遥古城的历史面貌，将室内空间全部作为舞台空间用于演出活动，这就使舞台的空间结构成为整体演出的一部分，为多元化的舞台视觉设计打下了坚实的基础。

早期的舞美设计者对建筑空间生搬硬套，导致舞台空间的结构形式变得固定，不能满足观众的需求，也不能跟上时代潮流；现在的舞美设计者将目光放在了现实环境的舞台上，让现实环境和建筑空间结合，以摆脱传统舞台空间结构的局限。另外，室外环境的利用也给予了舞台空间结构更多的可能性，如张艺谋的《印象·丽江》中的"雪山篇"用大自然的形态，以雪山为背景，将舞台设计在高山上。当地居民与自然一起高歌起舞，其视觉效果给观众留下了深刻的印象。

从上述发展趋势来看，舞台空间结构在经历了从原始野外空间到室内空间再到自然空间的发展之后，又回到了原始的状态，也就是从固定、保守再到创新、开放。这种变化，本质上是舞台设计师舞台空间意识的创新，是对其创作规律和表现形式的不断探索。

舞台创作者在不同阶段运用不同的方法来设计舞台空间，对舞台空间的使用也从感性转变为理性，向我们展现了舞台空间意识的创新之路。

早在19世纪、20世纪，舞台空间意识的创新就已开始。舞台与演员的空间关系及人与空间的关系促使了空间意识的转变，扩大了演员在舞台空间中的活动范围，增加了舞台空间的深度，奠定了舞台美术在演出活动中的地位，使设计师能用整体观念来进行空间和形象的设计，推动了空间意识的创新和发展。

现阶段，设计师除了要研究舞台空间的三维特性外，还要探索空间意识与视觉体验之间的关系，将舞台空间设计与视觉表现形式结合，生成全新的舞台空间意识，对舞台视觉理念进行创新，以得到更好的视觉效果。

（二）审美空间——视觉情感的体验

舞台空间是演员突破自我的物理空间，也是一个审美空间。也正是这样，舞台设计者将各种各样的视觉形象放到舞台空间中，进而形成一个有主题的整体。它既是一种多维动态的模型，又是一种精神物质，对戏剧动作做出回应，将审美空间呈现出来，引导观众进入一个充满戏剧精神价值的视觉符号世界。船东戏剧中与其他因素相互配合，呈现其深刻内涵，使观众享受独特的情感体验。

舞台空间中的东西会形成一个视觉符号，进而在心理和造型方面引发观众的思考，产生巨大的意义。例如，舞台上的皇座不是简单的皇座，而是代表它背后的欲望、权利等观念。视觉符号的出现都是有原因的，它与演员的表演相结合，向观众传递演出背后的情感信息与深刻意义，引发观众的思考，给观众一种艺术享受。

例如，在《红玫瑰与白玫瑰》中，设计师设计了一条玻璃通道，隔离出了左右两个空间，分别代表男主角婚姻前后的两种状态，婚前追求欲望，婚后肩负责任。观众在看到男主角在婚姻前后伪装时，对男主角内心的心理活动有深刻的体验和理解。在《进化论》中，设计师将关押猩猩的"牢笼"与男主角家相结合，暗示男主角处在现实生活的"牢笼"中，也为男主角变为猩猩的结局做了视觉暗示，这种视觉符号与戏剧风格相呼应。

舞美设计师们巧妙运用各种视觉符号构建一个美好的审美空间，但它只是一种艺术化的象征。而视觉设计可以烘托氛围，视觉能力的"物象"记录可以反映于审美空间中，建立起"意向"感受，引人"联想"，使人获得情绪体验，把戏剧的深刻内涵和意义传递给观众。视觉符号也因此以想象和诗的方式，使现实环境得到升华。

彼德·布鲁克提出了"空的舞台"的概念；他认为，表演的本质是对舞台空间的一种暂时占有。因此，演员进行表演的前提是舞台空间中"虚空"的存在。而活动空间就存在于这"虚空"之中。因此，舞台视觉设计要想参加到活动空间的创造当中，不能只提供一种静止的视觉形象，还应该考虑演出的所有可能性因素，也包括移动着的演员。

动态的景象总是最容易吸引人们的注意力。要想吸引观众的目光，现代舞台空间中的视觉设计就必须与演员的运动变化相结合。首先，设计师创造的视觉样式与演员活动相联系的应用功能起着决定性作用。其次，在这种应用功能的基础上，演员的运动变化也表现为活动空间的变化，从而使"疲劳"的视觉能够一直保持兴奋状态。

综上所述，视觉流动体验应建立在活动空间与演员动作的同步变化之基础上；两者在演出主旨统一的前提下创造故事环境，渲染气氛。歌剧《漂泊的荷兰人》就是通过船只与演员的动作来表现当时的故事场景，营造氛围，突破时空条件的限制，形成了一种不受影响的视觉流动感。

此外，设计师还把活动空间的视觉效果与演出内容的主题联系起来，构建出层次清晰的空间环境，引导观众的视觉，使观众产生情感和记忆的共鸣。这种空间环境使活动空间更灵活多变，推动演员的动作表演，渲染舞台气氛。《桑树坪纪事》中的表演者的主旨是民族命运，这一主旨通过演员、转台等一系列的表演展现得淋漓尽致。这种空间创造突出了演员表演，揭示了其包含的深刻意义。观众的体验与戏剧的主旨相结合，反映出创作者舞台空间意识的升华与视觉设计的创新。

观众与演员在舞台艺术创作中会相互激励，不断交流，这是每场演出的核心，会令舞台艺术散发无限的魅力。这种为观众提供视觉的互动体验的空间就是观赏空间。

观赏空间形态主要由剧场结构和演出形态决定，分为两大类型，即静观与参与。前者是观众单纯地观看，注重精神享受。例如，古希腊、古罗马的圆形剧场和起源于文艺复兴时期的镜框剧场。后者是注重观众与演员的互动，带给观众不一样的视觉体验。例如，欧洲中世纪的露天流动剧场、三面开放的中国古戏台等。

舞台创作者们更加注重观众与演员的互动，运用视觉设计，并且重新组织那些失去联系与活力的空间要素，提高舞台空间的整体化程度，让观众真正体会到视觉效果的作用。

例如，斯沃博达在他的《昆虫世界》中，设计了多重镜面，让观众通过镜面反射的影像观看演出。还有赖声川的《如梦之梦》，其打破了以演出为中心的传统，以观众为中心，围绕成为一个"回"字，观众可自行调节观看角度来观看演出。

如今，舞台美术已经成为一个艺术大综合的领域。各艺术门类的创新都会推动舞台设计的创新与发展。其先从造型艺术中吸收营养，然后掌握创作规律，最后提高技术与艺术的融合度，对视觉设计进行再思考。综合运用灯光布景一体化、现代化的材料工艺和多媒体影像三种表现手法，呈现最佳的舞台视觉效果。

现代舞台空间中灯光与布景的关系是从文艺复兴时期开始逐渐紧密的。几何学和透视学的发展提高了布景的立体化，实现了二维布景向三维视觉空间的转变。光学成果的广泛应用提高了布景的真实性，符合人的视觉规律，尊重了自然规律。灯光技术使布景有了照明，创造了空间感。两者的结合只是纯粹让观众可以看清布景，没有从视觉层面思考，从而渲染气氛。现代理念与技术促进了布景意识的创新及灯光技术的发展。灯光与布景一体化趋势已成定局。

二、布景意识的更新

早期舞台布景与三维空间和演员动作无关的说法与现代舞台设计的本质是背道而驰的。创作者在对布景意识及设计本质有了更深刻的认知以后，对舞台布景有了更高的要求：要达到人性化和物态化相结合的复合型要求，为舞台设计提供更丰富的视觉语言。

戈登·克雷曾说过："当我在设计舞台布景时，我要让画面的每个地方都能够允许演员进入，演员所经过的地方都要是最严谨的、研究过的部分。"舞台设计者把布景与演员所在的空间看作一个整体，对空间、布景、人物、动作的关系有正确的认识，使布景空间更灵活和整体化，为演出提供更好的服务。现代布景意识要求深入观众心理，表现剧中人物的精神世界，进而更好地表现人物和演出本质。

例如，以布幔为主题的话剧《白娘娘》在上海戏剧学院排演，剧中的任何景色都是由布幔拉出各种形状，这使舞台的视觉形象成为一个整体。表演者的动作之中有舞台布景的直接参与，这一特点在哭塔一幕中有所体现。而白娘子被镇压在发出万丈光芒的雷峰塔的这一视觉意象的形成，需要布幔运动与灯光相配合。最后，几组长布幔随之剧烈抖动后缓缓飘落，意味着雷峰塔的崩塌，也使母子得以相见。长布幔布景之所以有了视觉的隐喻、生命的律动，表现出壮观且震撼的视觉效果，是由于舞台布景、灯光设计、演员动作、场面调度四者的同步融合。这部优秀的作品诠释了全新的布景意识，即舞台布景不是单独存在的，它与演员动作相结合，塑造出角色的生活空间，使观众与剧情发展、演出情绪紧密结合在一起。

灯光艺术是一门与时俱进、兼收并蓄的艺术，随着多元文化的兴起和科技的发展得到推广，成为舞台设计的造型手段之一。戈登·克雷等人较早使用灯光来凸显演员，烘托氛围，表达情绪。斯沃博达在这方面取得了更大的成就。他将灯光技术应用到舞台设计中，将主观情绪与灯光技术相结合，创新了表现手法，引领了灯光技术的发展方向，推动了灯光技术的广泛应用。

现在的灯光技术和过去相比，大不相同，新光源的采用等产生较大变化。灯光的照明方式也有巨大变化。人们可以利用主与次、虚与实等视觉规律来创造舞台画面，在空间、布景、人物之间建立联系或使其孤立，控制并引导观众视觉焦点的移动路径，使视觉效果完美展现。由此，我们能发现，灯光是灵活的，可以创造瞬息万变的光色空间，塑造舞台的四维空间。灯光技术的开放性，不仅能表现东方的传统意象造型，而且包融现代西方的审美语境，这是传统的舞台布景很难实现的目标。因此，人们希望通过灯光技术实现这些视觉效果，这就为灯光技术的推广和发展提供许多机会。

所以，现在很多著名作品都脍炙人口，主要依靠灯光技术的创意运用。如今，灯光技术已成为舞美设计中不可或缺的视觉表现手法，应用于各类国际盛会的开闭幕式、实景演出、话剧、歌舞剧、戏曲等演出形式中。相信在不远的将来，它会被运用到舞美设计的每一个环节中，与更加多元的艺术门类相结合，帮助设计师创造出既新奇又独特的视觉效果。

三、灯光与布景的融合

随着舞台大幕的拉开，我们便能看到场景的造型色彩与空间组合之间的关系，再加上表演的演员、变化的灯光，这三者融合，呈现出一种完整的画面。舞台视觉设计通过一些设计元素，如形状、造型、色彩、质感等，创造布景空间的视觉效果。灯光设计作为舞台视觉效果的重要组成部分，会跟着情节的发展随时调整光线的变化，营造氛围。只有将这些结合起来，才能使戏剧作品的完整性和意义准确地表达出来。舞台布景是因为灯光的存在而存在，而灯光也因为布景的空间环境而有意义。二者是一个有机整体，体现了剧本思维、人物性格，存在着不可分割的联系。正如一些优秀的舞台艺术家所说的，当他们在设计布景时，倘若不知道该如何使用灯光照明，那么他们就将无法设计舞台布景，所以他们在设计舞台布景的时候几乎都会设计灯光。可见，只有在使用具有空间特征的舞台布景和具有时间特性的照明技术来创造舞台视觉形象空间时，设计师才能处身于多维度的造型时空中来探索舞台视觉表现形式的多样化。

例如，山水实景剧《鼎盛王朝·康熙大典》的舞台视觉设计中，混合着尘土、烟雾等物质的气体被多组高度集中的光线照射，形成了看似灵活可变的光雾，并且和放映着徽州村落美景的LED彩屏影像的线状江南民居布景一起，在内环与外环的浮动旋转舞台上缓缓流动。舞台画面，时而尘雾四起，苍茫大地乍现；时而星河浩瀚，眼观苍穹宇宙；时而船篙漂荡，身临江南水乡，渲染出了写实或写意、固态或液态并存的舞台氛围。具有独特灵活性的灯光技术统一，激活了舞台上流动的布景和动态的演员，既能使舞台空间的灵活性有所增强，又能使多因素活动的动态美更好地呈现。最后，把人的内心情感也融进灯光的造型本质当中，把康熙皇帝在下江南时的那种浪漫情怀和心系国家的责任感表现得淋漓尽致，深刻地反映了康熙皇帝内心在向往潇洒自由的同时，以天下社稷为重的矛盾心理。此时此刻，灯光与布景的相互融合便有了生命的意义。

总而言之，灯光布景的相互融合，不仅存在于物质层面，如多媒体光屏那样的融合，而且还体现在视觉效果中演出内容与形式的统一。目前的灯光技术不应仅作为一种意义上的塑造、布光和渲染，而应该让灯光设计师能够与布景在同步状态下进行创作，这样才能让两者更准确、更生动、更完整地传达视觉信息，这才是本质意义上的灯光与布景的融合。

第七节　实验影像中的动态影像

什么是实验影像艺术？我们可能无法一下子做出既精准又细致的解释，但整体感受一下这个词，至少能知道它不是大众的，也不是商业的，既不是雕塑，也不是绘画。我们对它最肯定也最清楚的认识是，它是实验的，是影像，是艺术。那么，我们便从这几个关键词开始，梳理和勾勒一下实验影像艺术到底是什么。

科学研究的基本方法之一是"实验"。根据科学研究的目的，实验要尽可能清除外界所带来的影响，突出主要因素，并适当使用一些特殊的仪器和设备，人为地改变、控制或模拟研究对象，使一些事物（或过程）再现或发生，以便对自然现象、自然属性和自然规律进行一定的了解。实验还是一种自我批评和自我颠覆的方式，它需要独立思考，是自省，它不是寻求同一，而是以开放立场反抗主流趋势，它是对个人作为主体的探索，它需要使用、改进和创出一些新的工具和媒介来推进，它要去探索那些我们未曾探知的领域，去为我们的感知打开新的门窗。

"实验"与"试验"的不同之处在于实验倾向于通过某些行为对某种理性结论做出验证,而试验则可能是在没有任何经验前提下的一种试探行为。广泛实践的开端是实验,如果它具有"前卫"和"先锋"的意味,那么它就永远不会像一个有勇无谋的人,更像是一个忠于真理和正义的先驱。

"实验"存在于所有的学科门类。在艺术史上,实验艺术试图仅从视觉愉悦和情感满足的审美客体中去解放艺术,它强调要准确和有效地表达主题的核心,重新审视审美主体相互依存和相互促进的辩证关系,让艺术与现实生活更为贴切,从而给人们带来一种生动的感知体验。它打破了传统"美术学"范畴中的油画、雕塑等,只把工具材料和表现技术及其形成的视觉风格作为片面的艺术判断标准,重构一个新的围绕艺术工作方法的领域来确定性质的新领域,建立了更多元、更包容的艺术理论和更广阔的艺术表现空间。也就是说,把有价值的主题观念和思想作为表达前提,寻求与之相适应的艺术方式和语言载体来承担,最终完成艺术作品的物化,并向社会和公众展示。艺术的实验性主要涉及两个主要方向:媒介材料实验和边缘美学探索。其中,媒介材料的实验主要包括设备、动态影像、静态摄影和网络媒体等媒体实验,如数字动画、电子艺术和计算机视觉成像实验,设备、文本、绘画、行为和影像中的观念性呈现,艺术与数字技术、网络技术、生物技术等领域的结合。边缘美学的探索主要包括重新审视和反思全球化背景下的商业文化、后殖民文化和网络文化现象,反讽性或批判性地表达知识分子自我主体性和当代艺术体制,认同和确立酷儿主义、女性主义、身体性和身份。其中,影像作为实验艺术表达的重要媒介,已被越来越多的艺术家所采用。

米特里曾在《电影美学与心理学》一书中做出过以下表述:"力求使电影成为一门艺术的三次推理缜密和有自觉意识的美学运动形成于1908—1924年间。从1908年到1912年,这是'艺术电影'。因为电影被视为戏剧的代用品,电影形式就应当遵循经典剧作的法则和戏剧场景调度的法则。从1914年到1924年,这是'表现主义'。按照绘画和造型艺术的原则,影片表现形式的最高标准在于线条和形体的平衡,在于既定空间的建筑学结构,从而使布景和照明的作用至高无上。从1920年到1927年,这是法国'先锋派'。电影被视为音乐的一个方面,电影应在更高层次上被视为视觉交响乐。"[1]从这个角度看,我们认为,影像艺术起源于电影。

---

[1] 邵牧君.电影首先是一门工业,其次才是一门艺术[J].电影艺术,1996(02).

还有一段话常被实验影像和视觉艺术资料所引用,即英国电影学院国家图书馆目录里的一段话:"在全球化及文化泛滥下,有一本实验电影指南似乎是不合时宜的,然而所有电影史学家都得承认这么一点:离开不断将影像的可能性推到极致的实验电影工作者,今时的电影将无法以当前的模式存在。"

"艺术"与"艺术性"存在着不小的区别,它们有关联又相互独立,它们能协助我们筛选出可以视为艺术的影像作品。艺术技巧不代表艺术,却可以给影像带来艺术活力,让影像充满生机。艺术家独特的创意中包含着艺术,他们的构思和创作都是他们个性的体现,不该被其他目的束缚。

通过上述分析梳理,我们对"实验影像艺术"有了进一步的理解。实验影像艺术是艺术家以影像为媒介进行的独立思考与表达。它尝试着把思想融入新技术中,为了引起人们对生活的反思,试图更改往日的视觉感知模式。

如果从技术的不断革新的角度来对实验影像艺术的发展进行梳理,其大致呈现出如下一个以"艺术"为目的"影像"发展脉络。20 世纪 20 年代出现实验电影,20 世纪 60 年代出现录像艺术,此后新世纪交接时期出现新媒体艺术,最终演变成如今的互联网交互技术和虚拟现实技术。实验影像艺术不仅凭借技术来发展,其中观念的延伸也是必不可少的。无论是影像语言上的探索、艺术家个人经验的介入,还是在全球化语境的影响,"观念"都支撑着实验影像艺术理念上的追求。

很明显,实验影像艺术是本体的存在,它在统合着电影史(主要挖掘电影语言)和录像艺术史(用录像寄托观念)的同时,关联着当代艺术史和电影史。实验影像艺术正是在吸收这两种精华后,才构造出属于自己的生长脉络,而它的多重身份需要拿到更广阔的领域来参照,才能得出本体的历史谱系。

我们可以这样理解:实验影像艺术是艺术家反叛大众影像审美常规惯例的姿态,是他们在影像中的实验,也是艺术家探寻影像形式属性的拓疆之旅;也是淡化形式主义的方法,解除媒介神秘性及凸显影像创作的物质性和过程性的方式,是一种能代替电影叙事和再现传统编码的新视觉编码。

艺术和技术在发展中密不可分,科学技术一直在艺术创作中被应用。科学对艺术的发展包括传统艺术中的构图法则、色彩认知、工具创造及如今的计算机技术、数字技术、生物技术等,而且这种趋势会一直延续下去。因为科技的飞速发展,无形化和非物质化是将来艺术发展的必然趋势,未来的艺术将更加多元化。艺术的概念变得更精致。

目前,科学技术或理念与当下艺术的发展紧密关联,并且正影响着艺术的发展。如今，人工智能、远程通信、传感技术等新兴科技被应用到艺术创作中，这类新媒体艺术家似乎要变成科学家了。生物、工程、建筑、航天等领域成了他们跨学科的新研究目标。他们通过新领域的研究产生新的行为和思想，从而找到间质性的领域，新型艺术作品由此诞生。

例如，传统的通信方式是即时通，具有同步性，而如今出现了远程通信技术，可以远程处理信息，这正与同步性相反。远程通信技术包括云存储等，这些技术的发展让非即时的、可互动的、可以更改的沟通交流变成现实，让人与人之间可以"异步"沟通。这对当代艺术的影响是不可小觑的，在艺术发展过程中，艺术形式将有更多、更新的变化。

实验影像艺术的发展离不开各种技术的发展。20世纪中期以后，以智能计算机的研发为代表的电子技术发展迅速，这在影像艺术的数字化进程中起了推进作用。

美国宾夕法尼亚大学在1946年研制出世界第一台数字计算机ENIAC，但是它的体积非常大，跟一个大车库体积差不多。第一台能够处理数字和文本信息的商用电子计算机在1951年获得专利。20世纪50年代中期，伴随着第一代模拟图像电子数字扫描仪的出现数字成像开始发展。20世纪80年代，随着多媒体电脑的发展，市场上出现了多功能电子成像程序。此后出现的是摄像机和照相机，它们都是以数字为存储方式，最后全数码的影像记录设备问世。数字技术在科学发展的带动下变得越来越廉价，以前只能用于天文、军事、医疗等领域的硬件和软件也不再昂贵，而逐渐出现在消费市场。新时期的电脑设备功能更强大，但是价格更低，在通过诸如3Dmax和Finalcut等用户界面，操作简便的电脑辅助程序，影像艺术发生了革命性的变化。而世界正在被飞速发展的数字三维、合成、网络等技术共同搭建的虚拟现实系统变成三维的，这些世界的造访者们沉浸其中，并被欲望驱使，他们同这些世界里的目标和人物进行丰富的互动活动，给视觉感知带来有关沉浸、交互、想象等更深层的全新体验。

数字媒体在交互性上有巨大的潜力，也正因如此，它才能深远地影响影像。但是数字媒介并不是影像中唯一的交互性，艺术家很早就开始运用交互的元素了。一开始，他们合理运用投影设备，投出"影戏"，让观众能身临其境地欣赏艺术作品，他们这么做的目的就是完成光的试验。然后，他们利用闭路电视和视频直播，在影像和艺术作品中让观众成为"内容"。1967年，拉杜兹·辛瑟拉的《自助电影》在蒙特利尔世博会的捷克馆中首次公映，这是第一部交互式影像电影。这部电影有不同版本的影像，拍摄顺序及剧情的发展则是由观众投票决定。这些试验使数字媒体的潜在交互性质有了新的突破，并加快了探索新艺术形式的步伐。

虚拟现实技术诞生于20世纪80年代，并在此后的四五十年时间内得到了迅速发展，它把计算机数字图形图像、数字仿真、人工智能、交互感应、多媒体显示及远程传输等技术的最新成果全部整合并使用，打破了传统的场域限制，用计算机来创造出一个虚拟的三维世界，为观众提供以视觉为基础的感官模拟，这种模拟会让观众仿佛置身于这个虚拟的三维空间，其中的各种事物也能被及时观察。技术与艺术正在重新融合，回到最初的身份，并为我们的视觉带来前所未有的震撼体验，这是虚拟现实的特点和优势。迈克尔·海姆认为，虚拟现实技术只是艺术形式的一种，或许相比于技术，艺术才是虚拟现实的本质，或许它是最高级的艺术。虚拟现实的终极承载或许是要改变和补救我们的现实感——这是最高级的艺术曾经尝试去做的事情，而不是去掌控、逃避、交流或者娱乐。

澳大利亚的先驱式艺术家、虚拟现实领域的研究者杰弗里·肖，其大部分创作的方向是虚拟与增强现实、互动式叙事、浸入式视觉等。系列作品《清晰的城市》开始于1989年，杰弗里肖分别以曼哈顿（1989）、阿姆斯特丹（1990）和卡尔斯鲁厄（1991）的城市规划为蓝本，同比例再现了不同城市里的街道与建筑。参与者骑上一辆固定住的自行车，并通过自行车把手和踏板上的界面来控制行驶方向及速度，在由电脑制作出的、由三维立体文字组成的城市街道之中随意穿行。他的这件作品被公认为VR作品的雏形。

1993年，在纽约SOHO古根海姆美术馆举办的"虚拟现实：一个正在出现的新媒体"在当时产生了极大的轰动，因其是历史上第一个从虚拟现实方面探索艺术实践的展览。此次展览的策展人很有创意，他结合了艺术和植根于艺术史基础之上的VR，并尝试探索21世纪具有革新条件的大事件。

这个展览展示了艺术家珍妮·霍尔哲的两个作品。珍妮的第一个作品灵感来源于短篇小说《迷失的人》，这是剧作家萨缪尔·贝克特的小说。在电脑模拟的虚拟世界里，艺术家做出很多"灵魂"一样的头像，使其在这个虚拟世界中随意漂浮。参与者需要做的就是去捕捉这些飘忽不定的头像，捉到了，头像就会对参与者说话，这些对话常常是珍妮平时使用的语句。她的第二个作品具有更深刻的意义，对于波斯尼亚战争中所发生的针对女性的各种暴力事件她非常愤懑不平，在第二个作品里对此做出了回应。她在电脑里复制出一个波斯尼亚地区，参加者会被带进这个地区，用导游的形式来为参与者讲述村庄所经受的各种不同的遭遇。

参加此次展览的另一位艺术家是托马斯·杜比，他运用计算机数字图像技术，在其作品《虚拟弦乐四重奏》中，制做出四位虚拟的音乐家，这四位音乐家正在一起演奏莫扎特的《第 21 号 D 大调弦乐四重奏》。观众置身其中进行观看的时候，演奏的声音还会随着他们身体的位置和不同影像之间距离远近的变化而变化。

加拿大当代艺术家查尔·戴维斯作为 VR 艺术界的领军人物之一，从 20 世纪 80 年代初就开始了对电脑技术和 3D 虚拟空间的研究。1993 年，戴维斯开始把 VR 作为艺术创作的主要方向，并进行持续探索，质疑我们对自然与生物的惯有认知，并对其发起了挑战。1995 年，戴维斯从他很擅长的潜水经历中产生了灵感，创作了一件 VR 作品《渗透》，其综合了动态捕捉、三维影像以及立体声音等多方面的新技术。在作品中，动作捕捉器实时地跟踪观者的肢体动作和一呼一吸，通过反馈分析这些数据，头戴式显示设备中也交互呈现出自然世界的空间意象，如森林、树木、云彩、地质层等。观者自身处于一种失重状态，他们可以潜入虚拟空间的一层又一层，在人类诞生的最初状态里到处漫游，各种生物围绕在他们周围，他们甚至还可以在每一片叶子中进出，不断地在虚拟世界和自我意识之间游离，从而获得全新的视觉感知。

第四章　动态影像的设计理念

第一节　剧本

剧本开发过程漫长而复杂，它是好莱坞电影的根基所在。剧本开始于故事创意，历经繁复的写作、市场评估和修改的过程，才能逐渐到拍摄阶段，这个过程需要几年甚至十几年的时间。编剧是剧本的主要创作者，但这并不意味着剧本的命运完全由编剧掌握，还有诸多因素，如投资者、制片人、导演、剧本分析师乃至观众们的意见等，都能影响到剧本的发展。这是一个团队合作的行动，而并不是天马行空的过程。好莱坞围绕剧本在经历了长期的实践后形成了一套成熟的开发体系，本节关注的焦点正是这套体系。

据统计，好莱坞的剧本开发每年要花费高达九亿美元。但是能开发成电影的剧本少之又少。为了减轻高额的成本压力，大制片厂每年固定开支项目里便多了一项剧本开发，它所需要的费用也成了线上费用均摊到每一部制作出的电影当中。这些费用大约占了电影预算的 8%~10%，让那些停留在开发阶段的电影的单由进入制作阶段的电影来买。

剧本开发按照剧本来源可分为两大类：一种类型的剧本开发是编剧们主动进行的，编剧完成剧本后，剧本经纪或其他渠道便帮助他们向制片公司兜售剧本。"投机剧本"便是指这种剧本。这类剧本的选中率很低，正因为如此，一旦通过，便会得到丰厚的报酬。桑姆·泰勒研究指出，《虎豹小霸王》的剧本交易是当代好莱坞第一笔获得较丰厚回报的投机剧本交易，这个剧本在 20 世纪 60 年代末引起了一场多家制片厂参与的争夺战，最后成交价达到 40 万美元。1988 年编剧大罢工之后，投机剧本的热潮才真正兴起，经纪人开始向电影公司大量推销剧本。20 世纪 90 年代，投机性剧本迎来了销售状况节节攀升的好局面，并不断涌现出超百万美元的剧本。例如，沙恩·布莱克是好莱坞最成功的编剧，1987 年，他的第一个剧本《致命武器》以 25 万美元的价格卖出，随后《致命武器》跻身 20 世纪八九十年代最成功的系列电影行列，使布莱克身价不断提高。他的《终极尖兵》《幻影英雄》的剧本均以 175 万美元的高价卖出，而 1996 年的电影剧本《特工狂花》，在经历一场竞标后，更是卖出了 400 万美元，创造了当时好莱坞投机剧本的最高价。投机剧本市场并非一直稳定，在进入 21 世纪后便出现了颓势。原创剧本失去了大制片厂的青睐，大制片厂的目光转移到改编自流行小说、漫画或其他已树立品牌的版权内容的剧本。这种现象在 2007 年那场编剧罢工中进一步恶化。不过并非一直恶化，近几年来出现了转变，专门追踪剧本市场情况的网站 Tracking Board 经过统计后给出数据：有 69 部投机剧本在 2009 年售出，到 2012 年，这个数目增长到了 154 部，而且还在持续增长，2013 年更是增长到了 182 部。

另一种剧本开发是制片人雇佣编剧创作。当制片人发现在过去 10 年有被拍成电影的潜力时，就有可能雇佣编剧把自己看上的写成剧本。20 世纪初，越来越明显的跨界趋势表现在好莱坞新开发的剧本中，越来越多的电影项目剧本改编自别的版权内容，如漫画、小说和游戏。

史蒂芬·弗勒斯是一名电影产业专家，他调查了过去 20 年间每一年好莱坞票房排名前 100 的电影，得到出乎意料的结果：在 1994—2003 年，原创剧本电影的数量在每一年都是遥遥领先的，但在 2004—2013 年，这 10 年彻底颠覆了从前，改编的电影越来越多，10 年中有 8 年改编电影都超过了原创电影。此外，改编电影的续集也越来越多，在电影行业中占据了重要的地位。例如，仅 2012 年这一年，好莱坞票房前 100 名的电影续集数量就达到了 1999 年的 5 倍。

纵观近 20 年公映的所有好莱坞电影，我们能够看到，原创剧本电影跟改编剧本电影的市场份额相比相差甚远。The Numbers 网站对此做了详细的调查统计，结果表明：1995—2014 年（截至 2014 年 5 月 15 日），好莱坞共公映了 12545 部电影，原创剧本电影和改编自其他资源的电影数量分别为 6842 部和 5703 部，所占据的票房市场份额分别为 47.06% 和 52.94%。由此也可以看出改编电影的潜力。剧本具有多元化的来源，有芭蕾舞、宗教出版物、迪士尼的游乐设施等多达 20 类改编为电影的剧本来源。

电影剧本改编来源中，小说是最受欢迎的。彼得·布鲁瑞指出，小说最接近剧本，小说有清晰的故事结构和总体协调性，这让制片人和投资者能事先想象到成片的效果，促使他们投资。小说跟剧本的区别在于小说更注重人物内心世界的描绘，能让演员充分了解他们所塑造的角色的性格和动机，增加他们参加项目的兴趣。因此，在 1995—2014 年，有占据 21.99% 市场份额的多达 2280 部的好莱坞电影都来源于小说，理莱内特欧文《售卖权利》一书中的统计结果表明，有大约42%改编自小说的电影获得了奥斯卡最佳影片奖。

那些改编自小说的超级英雄主题电影为什么能突然崛起？在众多研究者眼中，这与2001年发生的9·11事件有关。这起震惊全球的恐怖事件与当时衰退的经济都让美国人感到不安，而超级英雄主题电影正迎合了人们渴求安全、寻找安慰的社会心理。电影中，他们施展超能力，拯救世界，让人们得到了心理安慰。

剖析更深层次的体制，可以看出当代好莱坞的产业结构决定了跨界剧本的开发盛行，包括小说、漫画在内。20世纪80年代以后，好莱坞有好几个大制片厂发展为企业集团，跨越了各种娱乐媒体行业。除了它们本来就有的电影公司之外，还有出版、新闻、电视、音像、音乐、衍生品开发等多个部门。高管们希望不同部门之间能协调配合，他们拥有的资源也要互通，为了公司利益，开发同一版权资源，达到共同建构品牌的目的，实现联合营销的效果，从而让公司获利更高，实现"1+1＞2"的目标。

在这个体系中，常用号召力大的电影树立或者强化已有版权资源的品牌。电影能给别的领域的产品带来一定的观众基础和营销条件。一部成功的电影更能带动其他领域产品的开发，电影中涉及的歌曲被唱片部门推出原声带，音像部门发行DVD，电影中塑造的成功的人物形象被授权给各种企业，企业们用来生产玩具、糖果、日用消费品等。在这种时代背景下，好莱坞的商业战略重点也放在了跨界开发剧本上。

如前所述，好莱坞的剧本开发是一个大工程，需要一个团队的努力，还有一套系统的分工体系，制片人、创作剧本的编剧、外推销兜售剧本的经纪人、帮助制片人评估剧本的分析师和润色剧本的剧本医生等都是最重要的角色。下面逐一分析这些主要角色的职能和他们在剧本开发产业链中的位置。

好莱坞实行"制片人中心制"，所以制片人是整个项目的中心，也是最高负责人。制片人所负责的范围很广，从电影的筹备到拍摄、后期制作、发行、上映都少不了制片人的角色，制片人还参与后续产业链的开发中。而剧本开发则属于这一系列工作中最基础的前端工作。制片人往往需要花费长于影片拍摄的时间，投入大量的人力物力去开发一部能拍摄的好剧本。这时会有一些专门的创意制片人或项目开发经理被一些业务繁忙的制片人邀请来负责基础的剧本开发工作。

通常，制片人、创意制片人或项目开发经理在剧本开发阶段负责的工作主要有以下几个方面：

第一，需要了解电影市场的发展潮流和转变趋势，能创造具有市场潜力的剧本或者故事创意。制片人需要通过阅读研究报告和亲身展开调研等途径，抓住潮流电影类型和主流观众的特点，并且以此来找到剧本的发展方向，还要关注其他电影公司同期拍摄的电影，以免题材跟他人重复。此外，创意能力也是制片人必须具备的。在很多电影中，都是制片人最初生发的灵感，从而变成了剧本的创意。例如，哥伦比亚影业公司前总裁大卫·普特南依靠自己想或在报纸上找，拥有了很多故事，这些都成为他制作的电影的最初灵感。人脉也是制片人必须具有的，宽广的人脉能让制片人有机会收货到优秀的剧本或者编剧。优秀的剧本是制片人所求的，许多制片人为了抢获先机，甚至刻意与工作人员交朋友，从而获得最新的剧本信息，这些工作人员大多来自经纪公司复印室。

第二方面的工作与一系列商业合约密不可分。当制片人确定了某部有电影潜力的剧本创意后，便开始认真挑选编剧，因为制片人需要他们来将创意变成实实在在的剧本。当制片人确定好剧本后，也会买下已有剧本的电影开发权，并聘用编剧进一步修改和完善剧本，编剧可能是原著作者本人，还可能是其他编剧，这个过程延续到影片最后投入拍摄。制片人需要签各种合约，这样才能获得其他版权材料改编权和剧本的开发权。优先选择权协议是这些合约中最常用的，制片人支付较小数额的订金，获得某段时间内某项版权材料的剧本开发权，这时双方需商定好电影一旦投拍，版权所有人将获得一大笔酬金和后续的利益分红。如果直到优先权期限到期，制片人也没有再续约的意思，那么剧本的开发权将被收回。"优先权"在好莱坞剧本行业中作用比较灵活，不仅能让双方的利益得到保障，而且能让制片人以低成本开发出剧本，可谓是双赢。

第三个方面的工作关系到剧本的具体创作。制片人在行文、故事结构和角色变化等方面会不时地给编剧提出建议，帮助编剧完成剧本。制片人往往从市场和观众角度提出建议，以中和过分强烈的个人色彩，还会借鉴观众调研得出的数据，从而使自己的意见更有力。概念测试（Concept Testing）是其常用的手段。调查者把剧本分成若干部分的小桥段和概念，分别读给被调查者听，这样就能很容易地找出观众们最感兴趣的地方和元素，紧接着编剧就可能收到来自制片人的建议，然后更细致地强化这些部分。如果一个编剧多次修改后的版本仍然不能让制片人满意，那么制片人可能会替换编剧。

好莱坞的编剧更换频繁已经成了一种正常现象，对寻求"最大公约数"的大片更是如此。比如，1993年，"华纳兄弟"买下《超人》的电影版权，这部剧的制作人是亚历山大·萨尔金德（AlexanderSalkind）。1995年，乔纳森·勒姆金（JonathanLemkin）刚刚完成了《致命武器4》就又受雇为"华纳"写剧本，但是剧本完成后，片厂主管却以剧本太过黑暗为由而拒绝通过，于是片场主管就又请了一位编剧进行修改，但同样没得到主管的肯定。1996年，凯文·史密斯（KevinSminth）写了第三版剧本，他可是一位痴迷漫画书的独立电影导演，但是因为与制片人意见不合，剧本仍然没有被通过，这让"华纳"不得不再找编剧，这已经是第四位编剧了。《超人归来》剧本在经历了六任编剧的磨难后才终于浮出水面，并于2006在全球上映。

好莱坞编剧们很难单凭自己的力量把剧本做好卖好，他们还需要专业的掮客——剧本经纪的协助。毋庸置疑，在当代的好莱坞剧本行业发展中，经济人有着举足轻重的作用。他们擅长与人交流，在文学圈和各大电影公司的内部延伸人脉、多交朋友，而且能发现优秀的编剧或者发掘出有价值的剧本。与此同时，他们还胸怀商业策略，总能让制片公司心甘情愿购买他们的剧本，有时候甚至使用欺骗的手段来进行推销。比如，他们故意暴露给制片厂主管的竞争对手们已经有购买剧本的意向的信息，剧本的价格因此被抬高。通常情况下，经纪人会向编剧收取大量佣金，这至少占编剧总收入的1/10。编剧也不是没有脑子，出色的经济人能帮编剧争取到更大的利益而且非常可观，这不仅包括卖剧本的收入，而且包括电影票房等收入中的后续分成等。

经纪公司可能会不同层次地开发剧本资源。最初级的层次是向制片公司兜售剧本，较高级的层次就是在出售给制片公司之前对剧本进行进一步的商业开发，如一些经纪公司拥有广告客户资源，他们会鼓励编剧在编写剧本时为他们将来植入广告留出地方，经纪公司再把这些可植入广告的地方卖给广告客户。还有一种把剧本与旗下的导演、演员等打包为一整个电影项目，再全部卖给电影公司，这便是更高级的形式。经纪公司还可以自己投资某些市场潜力比较大的项目。

迈克·欧维兹（Michael Ovitz）作为创意艺术家经纪公司（Creative Artists Agency，CAA）的创始人，曾经在剧本经纪业发挥了革命性的作用。先签下一位艺人，再匹配合适的剧本给他，这是好莱坞经纪公司在CAA成立之前的做法。新好莱坞电影浪潮的革命性人物欧维兹发现：一部出色的剧本，足可以吸引明星出演，吸引制片厂投资，进而成为市场的保证。CAA刚成立时，明星客户资源短缺，欧维兹也发现了这一点，于是开始颠倒程序，另辟蹊径。他决定先找到一部足够出色的文字作品，然后提出整套的电影企划案，包括剧本、制作人、导演，再卖给制片厂。这样一番操作或许能吸引来大明星转投至CAA旗下。实践证明，这是个非常成功的战略。1980 年以后，CAA 公司旗下的大牌明星越来越多，总共推出以这种方式策划的电影高达 150 部，CAA 也因此成为好莱坞最成功的经纪公司。

接下来要介绍的职务是剧本分析师。剧本分析师最先读到编剧们的剧本，工作形式是按件计费；他们的地位略显卑微，但手里拿捏着编剧们的命运。他们就像是守护着好莱坞大城堡的忠实卫兵，对每一个递交给好莱坞电影公司的剧本进行分析和总结。制片人根本没有时间把冗长的剧本看完，只是负责总结出剧本中的故事和核心元素，并给出意见评估，判断是否值得进一步跟进。

剧本分析师又有专职和兼职之分，专职分析师一般受雇于大的电影公司，而兼职的剧本分析师常常会和小的电影公司合作。专职的剧本分析师一个人除去双休日平均一天读 3 个剧本，一周要读 10~14 个剧本。电影公司通常非常急于得到剧本内容精华，留给剧本分析师的时间为一天甚至更短，剧本分析师常需要通宵工作，所以这也是个极其累人的工作。

剧本分析表的格式因公司而异，但是大致都会包括以下几部分：第一部分用简单的话来总结：用两三句话对剧本进行总结，如同广告语一般；第二部分是剧本提要，一般不超过两页，是对剧情的概括和缩写，并且要整理出剧本中的角色；第三部分是评论，篇幅在一页左右，并且还要求分析师结合自己的阅读感受，评论剧本的优缺点及编剧的长短处，如是否擅长描写人物和对话，在结构和情节上是否有短板。有的公司还会要求分析师在分析报告中比较与他们剧本题材相近的、大家比较熟悉的剧本，并指出优缺点。

分析师完成上述内容后需要在封面页上填好剧本的基本信息，然后给出他想给的分数。给分不是具体的数字，而是极好、好、一般和差四个等级。给分要从结构、角色、对话、故事和布景等方面分别评判分数。最后，分析师会结合整个剧本/项目来做出评判，即：推荐、可考虑、通过或是否决。好莱坞的剧本分析师大都追求谨慎，所以极少给予推荐的评价。

剧本分析的工作也会因为制片厂比较大而变得更为细致。华纳兄弟影业的分析师是一个很好的例子，他们的分工非常细致，评估剧本的标准有一系列量化的标准。男女一号有多少场戏，需要找人单独计算出来，如果场数不满 75 场，那么这种剧本会直接刷掉，他们用这种方式保证大牌明星的戏份。剧本中的戏剧性事件也有专人计算，45~60 场是合理区间，满足这点的剧本才更有希望通过，这也是为了避免电影冗长没有亮点。分析师们还需要预测市场前景，具体方法是确定剧本所属的类型，然后结合这种类型电影近 3 年的票房走势，最终做出判断。优秀的剧本分析师需要清楚他所服务的电影公司的喜好倾向，更需要掌握市场环境和潮流。

剧本分析过程甚至会用到一些专业的统计学方法。例如，《纽约时报》报道过一家剧本评估服务公司全球电影集团（World wide Motion Picture Group）是，它由一个前统计学教授 Vinny Bruzzese 创立的。教授有一个分析团队，他们通常关注已发行的成功电影，并将剧本草稿的结构和类型与之进行统计学比较，再结合问卷调查结果和焦点小组讨论结论，最后提出独到的修改意见。

只有经过剧本经纪人、剧本分析师和制片人层层筛选的剧本才能放到片厂主管的桌子上，进而在最高层的会议上出现，经最高层讨论以后决定是否列入拍摄计划。剧本被列入拍摄计划也并不代表就完美了，它可能随时需要修改。拍摄过程中修改意见可能来自投资者、制作团队或是有话语权的主演，所以片厂通常会聘请专业编剧紧急修改剧本。

他们常被称为"剧本医生"（Script Doctor），剧本在他们手中被"打扮"或"修整"，常常被添加一些"花边"，往往在电影临拍之前才是他们出场的时候，他们的薪水非常高，经常要发挥救火的功能在很短时间内完成任务。每星期二三十万美元的薪资是目前的市场行情，当然能得到这么高报酬的剧本医生必须要有丰富的经验，有很多"剧本医生"拿过奥斯卡最佳编剧奖或奖项提名。例如，1999年的《搏击俱乐部》让吉姆·乌尔斯（JimUhls）一战成名，在这之后，便经常有人邀请他作为剧本医生去救急剧本；沙恩·布莱克是编剧里稿酬最高的，也曾多次担任剧本医生角色。

以威尔·史密斯和马汀·劳伦斯主演的动作电影《绝地战警2》（2003）为例。在开机两周前，威尔·史密斯因为对剧本不满意，拒绝拍摄。这是一个严峻的问题，于是制片人杰瑞·布鲁克海默（Jerry Bruckheimer）和哥伦比亚影业达成共识后，立即聘用剧本医生来救急。因《心灵投手》（The Rookie, 2002）而名声大噪的约翰·李·汉考克第一个受雇。汉考克花了三周时间为《绝地战警2》剧本增加了更多的直线情节，威尔·史密斯希望角色更复杂，为了满足他的要求，汉考克让每一个主角都怀着一个秘密。此后，编剧贾德·阿帕图（Judd Apatow）和布赖恩·科普曼（Brian Koppeman）还有大卫·莱维恩（David Levien）因为擅长编写喜剧对白而陆续加入补救行列，根据威尔·史密斯和马汀·劳伦斯彩排时的表现，重写了很多符合主演个性并增强喜剧色彩的对白。

随着时间的推移，为了达到最佳的市场效果，好莱坞电影的制作投入越来越高，选择剧本时也越来越谨慎，综合各方意见以后才可以对剧本定稿。好莱坞聘请有成功经验的剧本医生也成了当今背景下的常规做法。剧本医生通常是在电影开拍前加入补救，但也有特殊情况，就是在影片拍摄完成后再进行补救。布拉德·皮特主演的《僵尸世界大战》(World WarZ, 2013) 就是个好例子。影片早就拍摄完并且经过一切准备后打算 2012 年底在全球上映，但因为结尾太暴力太血腥导致内部试映反响糟糕，片方立即决定重拍结尾，以增加影片号召力，毕竟这是投资 1.35 亿美元的好莱坞大电影。于是，片方邀请了曾创作了经典美剧《迷失》和《普罗米修斯》等电影的知名编剧达蒙·林德洛夫作为剧本医生，为《僵尸世界大战》(World WarZ, 2013) 重塑结尾时，他以光明为主，摒弃了血腥结尾。这与主演布拉德·皮特在片中表现的性格更符合，也更适应观众。《僵尸世界大战》在经过剧本医生的改动后，最终于 2013 年 6 月以 PG—13 级的分级上映，总票房高达 5.4 亿美元，单在北美的票房就超过了 2 亿美元。可以说，这部好莱坞大片的成功与剧本医生的作用分不开。

第二节 设计图形

现代图形是现代视觉艺术的组成部分之一，有很强的独特性，主要凸显在传递信息的功能性特征上，区别信息也因此变得更加方便。强大的审美性特征保证了它的独特性，人们在观看时会更好接受，也能留下较为美好的视觉记忆。在广告心理学中，这种记忆被称为无意识记忆。信息传递在当今社会变得越来越发达。为了让人们获得视觉享受，或者不产生反感情绪，作品审美性要求就越来越高。作品审美性突出，让人百看不厌，这就是成功的现代图形设计。图形本身给人带来的视觉愉悦感远远超过了视觉轰炸的效应，往往更有说服力。

另外，为了避免受众在接受大量信息时不完整接受，我们要保证在最短的时间内阅读图形传递的信息。简单化和差异化是图形设计着重强调的特征，这是保证受众尽快理解接受信息的前提条件。当今社会，生活节奏越来越快，快到人们没有时间去读懂一个复杂的图形，信息传递效应也会因此大打折扣，所以，一个好的现代图形的重要特征就是首先要做到简单或单一的信息传递，从而简化图形。

现代图形设计的方法和风格特征随着现代图形设计发展变化而并非一成不变，而且样式多种多样。我们不能轻信以偏概全、以点带面的观点，只有不断地总结、归纳整理，通过实践和学习不断升华直到一定的理论高度，才能让更多人接受它，才能使自己形成独特的设计风格，从而在图形设计中得心应手、游刃有余。

在我国，图形的发展有着悠久的历史，有据可考最早出现的是新石器时代生产制作的陶器上的图形。在生产生活中，人类用绘画形象地记录生活情景，这是人们拥有审美意识之后，为满足内心创造美的欲望，借此激起人们的创作动机，也是社会需求和人们生理状态的反映。自然赋予了人们原生态的图形设计思想，虽然传统的造型手段在与现代高科技计算机技术的竞争中落入下风从而被逐渐淡化，但是随着科技的发展其精神语义却得到了无限的延伸。人不同于动物的地方正是其多种多样的需求，包括物质的需要和精神的需求两方面。物质需求包括衣、食、住、行等方面；精神需求则是对文化艺术和美等社会精神生活的需求。自我实现是这些需要中最高层次的需要，包括追求自我价值的实现，发挥自我创造力、潜能、天赋等的心理需要。电影电视成像技术与计算机模拟成像技术等造型手段与方法不断更新，从外在刺激人类的内心，使人脑产生了新的联想和想象。虚拟画面在人的思想中幻化出各种形式，甚至还有活动的虚拟画面，这也迫使人类发展出一个新的内心世界。

一些虚化模拟的场景进入人的大脑时，就是形象思维的非静态化，这与传统的静态图形思维有所不同。

作为承载着几千年文化的中国，在描绘人类或动物的行为方面有很多发明创造。例如，马家窑彩绘这种出现在新石器时代的彩绘会在陶盆中绘画舞蹈，体现了古人独特的设计理念。三组拉手一起跳舞的人形展现在盆中，而且他们的手臂也呈现了一些一样的线条，说明跳舞的人有接连不断的行为动作。如果盆子里有水，那些被画上去的人物就会有倒影，舞蹈的动态美可以在水有所波动的时候看到。这便是我国古人动态思维的雏形。先民思想与技术发展不成正比，还不太完整，所以他们对于图形朝着哪个方向发展还不了解。但是，新技术发展道路越来越广阔，带来了动态影像技术的广泛传播，于是又开始趋向于传统，这在动画、传统绘画与设计的联系性上最为突出，其中民族传统是动画进行更高领域发展与开阔的根本动力，传统的图形设计的思维想法可以作为信息素材的提供者，绽放出更多的魅力与活力，发展成更高境界的视觉文明，从而提高拓展动态影像的内外精神和研究值。

当今，动态影像的含义是在很多年的电影实践中形成的。虽然有些艺术家还是着重提及一些个人影像的独立特点，如DV等，但他的叙事也就是语义构成还是应用的语义构成规律和叙事方法。特别是动画艺术，与 DV 等相对来说更贴合。

斯拉夫柯·沃尔卡皮奇作为米高梅公司的专家，绝大多数的时间致力于让别人可以有一些动态的视觉图案；他表明，"我支持将电影媒介作为舞台的延伸来用。我仅反对把这种延伸叫作对于电影摄影所独具的特征的创造性运用"。电影媒介这种技术根本属性让与它有关的延伸更容易和有利益性。从这个意义上看，它可以与印刷文字和照相的多样功能比较。

来自文献的一些记录，书里的图解、图表、插图，目的是保存讲课、演奏的录音等，就是电影媒介的发展延伸。也就是说，影视体现的事物是其最大的意义，演出、事件、人物或涉及的主体，大多有声音言语相伴。也就是涉及主体在电影体现的独一无二的意义所在。主体不同，表达的角度也不一样，需要有与其相符的结构构成方式。众所周知，这就是所说的视觉价值。镜头和音乐分开着并不是完整的整体，只有它们和别的个体结合到一起的时候才能称为完整，并且在美学上可以做到满意的地步。电影不仅代表了美，而且是视觉、动力学这些部分组合而成的，通过一些创造性的拼接、整理成一个有活力的主体。

motion pictures 是动态影像的意思，也就是所说的活动影画。画面（pictures）可以认作形象，为了将动作、含义、视觉、声音整合到一起，我们应该把活动（motion）作为第一关键部分。

没真正发生的动作可以通过感知机制判断出来，而且经过了格式塔心理学的分析，可称为"似动现象"或外观运动。

在合适的基础上，两个相距不太大的点上的两个光连续地交替出现，就会造成从一点到另一点的运动的经验。经过一定的研究可得，当两个不一样的镜头进行转换的时候，视觉跳跃或者位移就会有所体现。但当一段很多个近似 10 格长的镜头快速变化的时候，就会有很形象生动的体现，在一定条件下很容易发现他们之间变形的情况。当进行镜头选择时，我们通过多种多样的方法设计、剪接它们，纯电影的震撼就会被认知到，形成或多或少的视觉冲击。接下来，紧接着去对一件完整的事件或者活动进行观察，其中一些有限动作没有很大的变化，如做饭等这种强调被摄体的活动动作。很多简单的动作要从完整行为中分出来，同时还要来自多种多样的角度，这种分解与上文说过的纪录不一样，而是使本体因素从活动影画摄影机中体现出来，这是一种通过真正电影的方式将动力学从简单活动的视觉中体现出来，从而爆发出能量的程序。不同的角度是为了体现不一样的视觉感，就像单一的音符不可能去成为最美的。剪接是一个对事件再创作的过程,在电影的总体结构中才能体现它的地位和重要,从而也可以锻炼人对动态影像结构的感知。有时,剪接时运动有一点点重叠,在各个片段进行时,会有一点又回到上一个片段触及的点。也就是说,新出现的片段会重复上一个片段中的一小段,从而会有一个延时效果,并且带有节奏性。所以,我们周边一些简单的动作也会通过电影达到一种动人的视觉体现,这一点我们可以很容易体会到。换句话说,有视觉感受的地方一定会有有形动作。接下来是进行来自形象与形象联系的可能性研究,我们可以通过纯视觉方法进行简单概述。

第三节 故事板

制作传统动画电影时,动画师、上色师及原画师从事的是具有技术性和创意性的工作。判断一个动画片的优劣主要靠分镜头和前期镜头的创作,而一部立体动画电影不能够自行优化,它需要更加严格苛刻的制作。其中,传统动画片的中期阶段的重要性远远比不上立体景深制作的重要性。很客观地说,现代数字技术与早期传统技术的合成而展现的延续和提高是进行立体制作的前提。通过人类双眼,将不立体的二维图像制作成可以被看出来的立体图像,这就是立体动画电影的制作流程。在前期阶段,一定要通过分镜头台本和立体故事板去完成,而后期阶段每个镜头中的景深控制对之前的设定基本不会否定,并要进行宏观景深处理,从而完成立体剪辑环节的开展,镜头之间一定要保证空间深度的流畅和过渡适中性,所以立体故事板的绘制在动画新技术上具有重要地位。

一、立体动画电影故事板的概念

当完成平面2D故事板后,就要将镜头的立体空间深度与图像视觉结构体现出来,并且一个接一个地将画面立体景深信息逐一绘制标示,这是立体动画电影故事板的制作过程。

二、立体动画电影故事板的常规绘制技法

(一)利用分镜头脚本的粗细线条对比绘制故事板

在绘制立体动画电影故事板时,前期通过粗细线条对比纳入信息,这种方

法是最常用、最方便有效的。如果有细线条出现则表明这个画面包含的元素体现在银幕里处于正视差位置，相反粗的就是负视差。这种方法最适合进行粗略立体台本绘制或者低成本低消耗的动画电影。

（二）利用分镜头脚本的冷暖色彩线条对比绘制故事板

利用立体成像原理，将立体动画故事板中画面元素调成暖到冷色调，并按照景物空间位置排列，以展现各个景物在立体空间的联系。

（三）利用侧视图与顶视图绘制立体动画电影的故事板

在制作的最初阶段，绘制的场景中画面元素侧视图和顶视图，设置视图里的主要元素，接着运用箭头、线段等符号体现出区域里正视差、零视差以及负视差的具体参数，到最后达到可以区分某一物的位置和空间距离的效果，从而判断出适合观看的正常视线区域。

三、立体动画电影故事板的景深空间设置

在安排每个元素体现的空间景深效果时，第一步应该弄清楚观看者对画面元素的深度信息及在垂直或水平中观影的舒适感，对不一样的空间处理技术中的矛盾都应该兼顾周全，否则会造成一定的立体空间信息上的错误。

（一）避免不合理的景深关系

场景景深空间效果经常体现在传统的 2D 电影里，自然界空间透视一般不会出现在美国好莱坞，他们更加习惯性地将实际景物做到比电影里的场景大，从而拍摄时可以突出画面里的重要景物和角色，使画面元素构图饱满，有清晰明了的远处景物景深空间效果。传统的动画场景空间制作经常用到这个方法，然而，这不能应用在立体动画电影里，假如画面中远景或者背景绘制不符合空间透视法则，那么很容易让观看者在观看立体成像时产生误解，如果景色和角色离观众近，就会出现画面比例失调的现象，如重要角色像大巨人，背景是小景物等。也就是说，我们在绘制景物空间故事板的时候要考虑到人类真实情况，避免出现不合理的景深关系。

（二）避免不合理的明暗与色彩对比安排

在景深规划中，绘制立体动画故事板，应该避免画面明暗不同而产生的层次上的对比。如果空间元素太亮，观看者会受到强烈冲击从而出现虚影，同时会让观众有心理上的出屏立体错觉；反之就是入屏立体错觉。

我们应该考虑多数人对色调的反应，然后再应用在色彩空间立体成像中去，暖色调会让人有空间距离近的感觉，反之冷色调让人感觉距离远。普通的

电影场景空间设置和立体动画电影故事板初级阶段的制作有同样的应用处理，因此应该规避不合理的色彩或者色调的安排。如果故事情节在制作时有特别的色调规定，那么应该把色彩纯度降下来，使立体空间中有画面元素的展现。

（三）避免不合理的前景遮挡物

如果进行镜头和传统动画的布景，就要把画面元素的立体空间层次体现出来，而在每个单一镜头的设计过程中，通过小面积遮挡物体扩大空间景深效果是比较普遍的方法，如电线杆、植物等。然而，这个方法在立体动画电影的景深设计上有很大的缺点。这种小面积遮挡物会让人在视觉上感到靠前，从而感觉有东西在眼前遮挡而不舒服。所以，一直用这种方法就会产生立体空间景深变得收缩狭窄。视觉上的景物离观众越近，不舒适感就越大。如果有合理的场景空间元素，那么对观看者有吸引力的依然是前景里的画面元素，但是我们不应该把这种故意涉及景深效果的方法用在绘制立体动画故事板中。

（四）立体动画电影故事板设计中要避免色调过于单一

进行到画面色调的处理阶段时，远处景物在镜头里通常没有单一的色彩和面积，长镜头也要求有特点的变换效果。如果画面里有单一色彩的角色与景物，并且有景深层级变化的时候，观看者对物体边缘的信息识别会出现一定的视觉盲区，产生的所有景深信息不会——识别。在立体成像的制作中，立体景深效果在视网膜上完整的体现必须让观看者通过强烈景物边缘的对比迅速区分出来。相互交杂的图像元素构成了画面的空间信息。从生理学角度讲，人类的眼睛是水平方式分布开来的，而比较水平的线条不容易让人获得眼睛带来的视差信息，也就是说容易让人读取到信息中相对垂直的元素所带来的景深空间感。水平面会给重复的信息带来不真实的立体空间，有时会有虚影出现在电影的某一部分镜头上。例如，《变形金刚》第三部里有一个情节是，美国海军穿着翼服进行空降救援。在初期的故事板监制过程中，想要达到画面空间景深效果大于单一天空背景效果，从而将特战员的空降刻意淡化而有意突出城市和天空的接触区。除此之外，这个情节里也有很多的背景运用了手绘数字，通过白云和烟雾使空间更有层次性，同时削弱了单一色彩的单调性。

（五）立体动画电影故事板设计要最大限度地避免动画场景中景物过于简单

在以往的2D影片中，人会因为纵深感强的镜头而产生视觉疲劳，人眼不能清晰快速地把镜头里的画面元素识别出来，这时候，大脑就会把意识到的信息和实际情景进行识别。2007年，《异形》这部电影画面里有很多变异恐怖物交替出现，观影者根本不能识别出这些复杂管道，而且不能发现变异物体有没有在这些杂乱无章的电线里。

立体动画电影与上文情况有很大不同。立体层次感通过复杂画面元素体现出来，角色等物体通过深度的逐渐过渡给观看者带来空间享受，同时情节扮演可以顺利进行。相反，如果层次感相对简单，会有深度信息不完整的现象出现，从而让观众在进行景物与景物的相对位置与层次的识别时更复杂。

总之，我国处于票房和电影制作量都有所创新和提升阶段，3D技术和立体放映技术不断发展，现代动画艺术在表现领域上有所提高。人们对影片的感受受数字立体动画电影的影响，感觉可以触及电影里的场景。也许我们认为动画电影是很传统的，但是当它与现代数字科技共同发展进步的时候，一个创新的立体动画制作技术肯定会绽放出自己的魅力并且有所发扬。

第四节　拍摄脚本

分镜头脚本指的是将文字变为更加生动的声画结合的形象，是把所涉及的剧本内容拆分出很多能够用来拍摄的镜头剧本，对节目构思及设计起了基本作用，同时成为拍摄时的依据。所以，节目制作初阶段的关键是把分镜头脚本编写处理好。

例如，医院如果需要拍摄专题片，我们需要和医院充分交流，去足够地了解专题片的创作意图、关键点，相关人员可以策划进而编写出剧本的雏形，然后导演通过剧本进行再创作，形成脚本，并和拍摄人员进行沟通。

对分镜头脚本进行创作其实是把完整的内容分为很多单个镜头，并且段落中需要遵循一定的逻辑。镜头段落之间的良好连接，可以将导演的内容叙述方法、人物形象、整体结构及表现手法展现出来，一些蒙太奇技术和对细节问题的处理也可以不同程度地体现。

总的来说，导演制作影片表达感情，需要在分镜头剧本中下很多工夫，如创作目的、独一无二的风格特色及对内容的构思。所以，分镜头脚本是摄制组具有统一的创作观点、顺利又有计划地进行工作的保证和基础条件。

首先，内容被导演拆分成很多个场次，其中包涵很多镜头，从头到尾将镜头按顺序列出，通过分析把握总体节奏和结构安排，如有的地方该省略、添加，有的地方需要变细致。

其次，导演需要分出重要场次的镜头从而构成电影的基本框架，再把相对不重要的场景内容，通过转场的手段，最后形成一个完整的分镜头剧本。

在分镜头脚本的创作过程中，导演要考虑以下几方面的内容：

第一，把不同的拍摄内容和场景按顺序做镜头编号，不同场景有各自的名字。

第二，把属于不同镜头的景别确定下来。在编辑过程中，景物的选择不仅要展现内容的需要，而且要考虑到不同景别对节奏的作用。根据视觉的远近我们可以将观看到的景色分为近景、远景、全景、中景及特写等种类。特殊情况下对景色的区分更加详细，如大特写、远景及中近景等。

第三，规定每个镜头的拍摄方法和镜头间的转换方式。固定镜头或运动镜头（拉、摇、跟、移、变焦推拉等）拍摄高度是平摄或仰俯摄；镜头间直接切换或者通过淡、化、划的方式转换；所谓将画面进行特技处理，是指内外键、画面分割、色键、数字特技、重叠还有动画。一般情况下，分镜头剧本里不用对它们进行特别的说明。

第四，对镜头长度进行估测。镜头长度是靠表达的内容与观众领会镜头的内容来决定的。

第五，把画面内容通过具体又很精湛的语言体现出来，其中涉及很多方面，如对人物的形象、心理还有细微情节的刻画。

第六，对声音效果和解说进行合理有效的编辑。

拍摄人员通过分析分镜头剧本来了解节目内容，在这个过程中，每个人的思维想法不同，理解也会有不同。而导演让工作人员了解节目内容，目的是让他们明白他的想法，在这个过程中，拍摄人员详细分析导演的想法、风格特色，从而对节目的框架有所了解。有了统一的想法和步调，就更有利于将摄制组每个人的聪明才智发挥出来。

导演的阐述大概分为以下几个层面：

一、内容方面

把节目涉及的意义、对象还有意图表达出来；将拍摄宗旨和主要思想确定下来；将重要的情节分析清晰，包括主要矛盾、人物刻画等；对与节目背景有关的资料进行阐述和创作。

二、艺术处理方面

对风格特色进行阐述，把握节目的总体基调，表现手段，处理总体节奏。

三、结束语方面

对拍摄方案有大概的阐述；激发工作人员的积极性，力争团结地工作。

进行医院专题片的拍摄时，除一些具体情节的镜头外，基本上不需要专业人员的表演。表演者的表演必须以真实生活为背景，而且与剧本范围相符合。此种类型的人可以将本身生活情况与所习惯的技能和专业进行顺利的、流畅的、真实自然的表演。如果需要扮演医护人员，那么在医院场所里进行挑选最合适不过了，他们可以很真实地把工作状态表达出来。

此外，导演需要合理选择与确定室内室外的场地，做到与剧本要求相协调，与主要创作者达成共识。拍摄与录音应该做到与现场效果相符合，从而促进美工的创作。

可见，除有高质量的分镜头脚本外，还应有高质量的拍摄技术与后期处理，这样一个好的作品才会被创作出来。

第五章 动态影像的语言研究

第一节 动态影像与视知觉

当今是一个以计算机网络、知识、经济为标志的全球化时代,在这一背景下,视觉时代随着经济、政治、文化知识的普及而逐渐展开。

视觉是通过眼睛去区分看到的画面的不同特点,如形状、透明度、色彩、位置、质感等,这种持续性的运动会消耗神经能量,所以眼睛也要适当地休息,以达到各部分的平衡,以免因失衡、大量能量耗尽而疲劳。通过适当的努力,以合理的节拍,就能不费力地完成任务且持续较长时间。有一些我们大家熟知的活动如跳舞、游泳、划船等,因为其节拍具有节奏性,而让观者觉得有趣又省力,所以节奏取决于工作性质。在视觉上有着规律性的交替或者相同或相似的重复,支配着造型组织的节奏,掌握了这一点就会预测到接下来发生的行动及相应的肌肉与神经调节。伯洛蒂纳斯曾经说:如果你对一件东西观看后印象很深,那么吸引、感染你甚至让你感到愉悦的是什么?[1]我们可以笼统地说这是每个部分中产生的个体与整体的联系,还有一些色彩带来的美感也让眼睛看到美的效果,也就是说,我们所能看到的美,就好像在别的物体里面体现出来的美,其中含有对称的比例。在很多不同等级上会体现出很多具有节奏性的图案结构,这与视界的不同的特点具有相同的特性。所谓的几何秩序就是将那些可重塑性的面变得大小形状重复,在至少一个形式里表达出一定的视觉节奏。但是,在以前的观点,在几何比例的静止度上将注意力集中,是体现通过数学推测而产生的一些绝对尺寸,并不是动态感觉组织产生的结果。但是,也有个别例子发生。秘鲁挂毯就体现了节奏的重要性,它发生在动态视觉组织中,通过一些形态及色彩的交换将节奏过渡到空间,并且不难在组织里看到那些有正方形斜向分布的图案。每个方向上,向上的部分是一样的,向下却是别的形式,

---

[1] 徐多嘉.视觉时代插画语言的艺术研究[D].辽宁师范大学,2013.

如果将图案上的斜线在各种各样的位置上表示出来，则一个向左，另一个向反方向。因为色彩是交替出现的，所以尽管有一样的形态，也不会有一样的明暗程度。当画面变得无聊且非动态的时候，点彩派的先驱乔治·修拉又将节奏变得具有动态，他通过方向、线条形态的设计加之前后运动的色彩引起的变化，让一个整体变得有节奏性，形成大小、方向、形状及色彩的统一。修拉在印象主义画派发展的前期阶段和后期阶段做出了主要贡献。正因为其对色彩分析的专业性，所以作品的层次感很突出，让人一目了然，他也因此成了点彩派的一代代表人物。在创作《大碗岛星期日的下午》这一作品的过程中，他用了两年的时间，早晨在海边写生，下午到画室构图填色，并且他在服饰以及发型上进行了深入分析，想要使表达效果准确又真实。举个例子，他想把妇人裙子通过鲸骨而隆起的真实效果表达出来，就把和画面一模一样的所有物品买来进行观察研究，并且有很多的记录及黑白写生。据统计，修拉一共完成过 400 个颜色效果图及素描稿，目的是将《大碗岛星期日的下午》完美表现出来。画里的每个人物形象都是他精心挑选、设计形成的。这 40 个人物看上去没有任何关系地出现在一个画面里，却表达出了一个静谧且有规则的美感。

达到这种动态的最纯化与最好强度的是杜斯保与蒙特里安。后者曾经提到，将画面处理成一种基本形状、对立面纯色及横竖方向。因为当今美术已经成功建立了一种造型表现，个体节奏变得具有普遍性及解放性。

此前想象的节奏组织在发展过程中随着电影的出现而变得更有灵活性，涉及的范围也更广，但仍不能很容易地统一空间结构与视觉上所用的时间。有一小部分人对此进行了分析，认为事物的不断变化应该被发现且应有而且必须有一定的形态。我们所说的看的经验，也就是视经验，随着时间的蔓延发展已成为视觉传播。人们从出生起就有视觉，这种感知行为使人们能去探索与发现世界。修拉就证明了看在本质上是主动性质的，而并非被动的行为过程。

阿恩海姆曾在《艺术与视知觉》书中曾经提到：视觉形象不可能把感性材料进行机械性的复制模仿，它代表了对现实世界的创造性掌控，从而创造出来一些美丽的形象，这些形象具有丰富的创新性、想象性及灵活性。观看世界的活动被证明是把外部事物本质和观看者本性的关系变得清晰。这其中有很多媒介都可以让人们有一定的了解，如电视、书籍、绘画、设计、广告、体育、服装搭配、X 光、健身美容等都体现着视觉文化，同时和生活美学、视觉化、视觉文化的发展情况有一定的关系。

当今的传播媒介因为现代技术的发展与以往有了很大的不同。现代化的艺术正确诠释了在历史发展中一定会出现的现象：它做到了与现代设计的融合统一。随着时代的变换及视觉时代的兴起，人类的思想与生活也有了很大的不同，甚至对审美观产生了影响。插画设计也随着物质、时代、内涵的变化而变得更加丰富。为了使插画设计具有现实价值，必须摆脱传统的束缚，与时俱进地将它变得更有价值和意义。

当今视觉文化更富有现代感，总的来说，这种社会现实通过很多的系统符号传播而成。正是因为各种符号的出现、设计、后期处理和交流，才让文化得以被创造、传播甚至发生变化。换句话说，传播媒介因为数字媒体技术的现代化改变也有了很大的不同。现代艺术设计和世界正朝统一整合方向发展，这种现象是历史发展过程中的必然。随着时代的变化发展，视觉技术带来的效果时刻影响着人类的生活，甚至思想，从而在视野、审美标准上有了一定的改变。想要把设计作品有新意，就不能追随传统，要做到吸取优点，摒弃缺点。但是，人类具有继承性，历史具有连续性，想要做到与以往没有一点相似直接去除根源是不可能的。艺术能发展到如今正是因为传统文化的基础打造，所以我们要对艺术进行科学性的创新与设计。

视觉体验越来越丰富，与当今视觉时代的出现息息相关，随之而来的还有各种视觉层次的艺术文化性研究与探索。通过这个过程体验，越来越多的人真正融入视觉时代里。

关于视觉文化，费尔巴哈曾说过："模比原本好，符号比实物好，现象大于本质是当今时代的特色，这一点是可以确定的。而真理却不同于幻想，真理不代表神圣；反之，幻想才是。的确，因为幻想在不断地增加，真理在不断减少，所以神圣也在不断上升，从而做到了最高级的幻想，也就是最高级的神圣。"[1]

第二节 动态影像与公共艺术

影像艺术从形成到现在，已经进入了技术成形的阶段，留给我们的最好的财富就是先人经历而积攒的技巧和经验。现在的计算机技术的发展使影像技术有了一个更高的提升，带来了新的思想潮流。

对影像技术来说，每个人的参与异常重要。现在电脑技术能使艺术家更好

---

[1] 林志伟. 皮尔斯符号学视角下符号类型在广告中的应用[D]. 广西大学，2014.

地参与影像艺术，影像艺术也因为有更多的艺术家参与而出现了多种风格和多种思想，慢慢脱离时尚，呈现出一种反商业思想。可以说，影像技术正在进入一个还原当初本真的发展阶段。

另外，以前没有电脑技术带给影像艺术在技术和体现上的方便。影像艺术只能在视觉上感受到，当造型艺术家、视觉艺术家使用媒体，就成为录像艺术。最开始的录像属于观念和装置艺术范畴，因为它本来就是一个观念组合体，也可以说是一个图像，是一个完整作品的其中一块。观看的人要想更好地欣赏，必须在规定的时间、地点或距离才可以。表达方式基本为：使用录像机创作自己单独的影像作品，这样作品为中心的，称之为"单体录像艺术"，如韩国裔激浪派艺术家和音乐家白南准在纽约手持最原始的索尼便携摄像机拍摄第五大道的教皇人员，他在出租车上把镜头伸出，连续拍摄教皇，并于当天晚上在一个叫GOGO的咖啡店播放。他不是在做访问和新闻报道，而是在寻找一组承认他文化和艺术的图像。另一个是将屏幕看作一个表面的色彩、图形会变化的东西，由材料和环境组成，从而成了作品的整体，这就是"复合录像艺术"也可以说是"录像装置"。20世纪90年代，媒体艺术进入了新时代。由于电脑技术的介入，影像艺术的欣赏者可以很好地欣赏或随时暂停欣赏，也可以直接为场景中的人选择服装道具等。

第三节　当代艺术语境中的动态影像

真实感存在于影像的知觉之中，但是，仅停留于知觉层面，并非真实感的全部意义，其本质在于与我们全部生活的交融与对生活的影响，这种影响包括对现实的改变，也包括影像中的虚拟对象本身变成现实，甚至包括一种与现实进行置换的能力。这些能力说明，CG影像追求真实感并非只是一种模拟现实的结果，真实感也不仅是一种感知，它是一种能力，一种渗透现实的能力。北宋画家、绘画理论家郭熙在《林泉高致》一书中提出文人画的四可：可行、可望、可居、可游，并说："可行可望不如可居可游之为得，何者？观今山川，地占数百里，可游可居之处，十无三四，而必取可居可游之品。君子之所以渴慕林泉者，正谓此佳处故也。故画者当以此意造，而鉴者又当以此意穷之，此之谓不失其本意。"可居可游是一种现实性，让虚拟影像超越知觉真实感，与我们生活的真实世界交互，这就是CG影像的现实性。

认知理论强调观者对于照片真实感的感知，他们对这种感知结构和感知活动进行解读，但是并没有关注感知过后的情境。精神分析理论突出观众作为先验的主体，却显现出一个封闭性的视界，并着重于观影过程的意识分析。精神分析理论所分析的"梦境与现实"之现实，实指的是电影中的故事所意指的现实世界，以及观众在观影之前所经历的现实经验，通过对这二者之间的互通性的勾连，确保情感投射的发生。两种理论都在某种程度上忽视了梦境之后的现实世界，即观影之外观众的生活世界。事实上，影像对观众感知的影响不仅发生在影院，也不只是延续在网络空间中的一时的讨论，还影响着人们的生活习惯和思维方式，改变着社会文化的形态；并且，它能以一种潜行的经济化的形式贯穿于观众的日常生活中，成为电影衍生行业的重要支柱和来源。

笔者将CG影像的现实性分为以下三个层次：

第一，渗透，即影像对观众意识的影响。电影因为其视觉化的动态影像效果及传播的广泛性和快速性，似乎比其他的艺术形式更能影响观众的生活方式。在电影风靡并取代印刷品之时，对那些怀有特殊的爱的迷影者来说，电影是生活中的力量，他们讨论着深刻的命题，谈论着严肃的艺术，在影像中消化和寄托他们对生命的洞解和悲叹；对大众化影迷来说，电影是一种娱乐和消遣，也是他们生活中不可或缺的一部分，他们愿意为电影付出金钱和时间，他们效仿大明星们的穿衣打扮，一言一行。黄金时代的克拉克·盖博，有能力使他在《一夜风流》中所穿的衬衫一夜之间风靡整个国家。2011年，《北京遇上西雅图》的热映，引发了西雅图的旅游热。西雅图市政府还专门给剧组颁发了荣誉勋章，场面相当隆重。但是，整个片子的外景都取自温哥华，为此还引起了加拿大要求事后声明的轶事。而这部影片的故事本身就是一个渗透能力的展示，女主人公之所以坚持要去帝国大厦，就是因为另一部影片《西雅图不眠夜》的影响，帝国大厦的楼顶因为电影而成为众多情侣向往之地。廊桥因为《廊桥遗梦》而成为许多人重温旧梦的去处，更不用说《指环王》为新西兰带来的巨大旅游效益。当年，《指环王》第三部在新西兰举行首映礼之时，影迷从世界各地赶来，那场盛会即使用"朝拜"一词来形容，也毫不为过。

第二，对象的现实化，即将影片中的虚拟影像通过人为的努力，在现实中制造出来。CG影像由于其制作及其表现的技术内容而显示出一种特别的现实性。CG影像所展现的内容多半与未来有关，它一方面用先进的电影技术拍摄出充满观看吸引力的奇观；另一方面，这种吸引力画面所表现的内容也是一种技术。因此，技术的真实不仅在于制作技术的现实性，人们用计算机技术的确制造出了非凡的影像,更为重要的是,CG影像的内容所展现出来的可能世界的技术正在现实化,许多科幻电影中展现出的未来技术在科技的进步中变成了现实。并且,可能世界里所表现出来的技术与人身之间的关系,正在成为现实社会所真正关注的问题,具备一种现实反讽的意义。

第三,置换。这是一种更深的层次,影像及根据影像制造出来的物象代替了真实世界,人们利用模型和乐园的方式复原影像,但是随着乐园的不断完善,乐园似乎展示出了比真实世界更大的吸引力。人们渴望乐园,想要躲开现实,于是真实世界变成了虚拟,虚拟世界成为真实。衍生宇宙是CG影像所特有的世界,传统现实主义题材的真人电影所展现出的虚拟世界是分散的,每一部电影都独立构成一个故事,很少具备连续性,这些单独的故事很难有能力去形成一个世界。真人电影里的场景和人物都具有真实世界的痕迹,它们像真实世界中的一个子集,很难有独立行走的能力。而CG影像构成的幻想类电影则不然,它们与真实世界平起平坐,产生交集。

第四节　从跨领域视野谈动态影像

电影作为一种艺术形式和其他艺术作品一样,也拥有一个由作者、读者、文本和世界所构成的图式。文本内部的变化最终要投射到接受者的心境之中,对作为大众文化和通俗文化的主流特效大片来说尤其如此。如果影像内部的改变能带来电影本身的命运的改变,那么它对接受者所带来的转变,其程度应该是同等的。

影像和观者心理之间的一种特殊关联,称之为"迷影"。迷影及其所蕴含的特殊的心理关联辐射到电影世界的各个方面,如电影的观赏方式、电影对生活的影响、电影制作本身的诗学等,它们相互交织,构成了一个被称之为"电影"的世界。

"迷影"一词产生于20世纪50年代的法国,安托万·德巴克(Antoinede Baecque)和蒂耶里·弗雷莫(Thierry Fremaux)对它的定义是"一种观看电影的方式",其次是一种讨论电影并且发布评论的方式,它首先强调的是观看和接受的经验。迷影并不是一种特殊的东西,很难说有一种既定的被称作迷影的具体对象,对它的探究主要通过它所表现出的不同形式和在不同时期的发展状态来进行考察。迷影的本质是一种文化,采用这种观看方式的人倾向于在非明显的地方发现智力上的一致性，并且对非主流和小众电影表示赞扬。

迷影的形成是以有着这样倾向的团体为标志的。从时间上看，在默片时代就已经产生，它的标志是一些特定团体所创办的刊物的发行及随之成立的电影机构。在这些团体里，一些对电影有着共同激情的人讨论着他们感兴趣感话题，并观看一些不常见的或过去的作品。比如，在有声电影初期，许多人对老的电影感兴趣，引导了诸如法国电影资料馆的成立（这是第一个重要的电影档案机构）。迷影团体产生于"二战"后的巴黎。这个时期巴黎涌入了大量的国外电影。这些电影在当地电影俱乐部和艺术影院放映，引发了一些知识青年对世界电影的极大兴趣。一般说来，迷影的观影（film-going）模式正是在这个时期建立起来的，即对老片和当代电影都保有浓厚的热度，并对其有着评论兴趣，形成了一些有影响力的电影俱乐部，如"镜头49"和"拉丁电影俱乐部"。正是在这两个俱乐部里，诞生了《电影手册》杂志。在迷影团体所组织的频繁观影活动和讨论中，培养出了戈达尔、特吕弗、复布洛尔、里维特等法国新浪潮中久负盛名的电影创作者，这些电影人对电影的知识和见解，并不是通过电影学院和电影公司培养起来的，而是在这样团体活动和观影活动中形成的。新浪潮的影响力很快突破了国界，从1960年开始，这种观影方式开始走向欧洲其他地区和美国。

1960年到1970年，纽约是美国迷影文化的中心，那里有着良好的观影环境，可以在任何时间观看到类型各异的电影。那时是观影的狂热年代，苏珊·桑塔格记录到，那些彻夜等候的迷影者们往往期待着一张最好是第三排中间的座位，"一个人没有罗西里尼（Rossellini）简直活不下去"，这是贝托·奇（Bertolucci）在1964年的影片《革命之前》（Before the Revolution）中角色的一句话。迷影文化在美国的兴盛受到了宝琳·凯尔（Pauline Kael）、安德鲁·萨瑞斯（Andrew Sarris）和苏珊的极力推进。英格玛·伯格曼、米开朗琪罗·安东尼奥尼和费里尼等欧洲导演在美国广受欢迎，影响了新一代的电影狂热者（filmen thusiasts），这些狂热者中的一部分人后来成了新好莱坞的中坚力量，包括马丁·西克塞斯、彼得·博格丹诺维奇（Peter Bogdanovich）、弗朗西斯科·科波拉和伍迪·艾伦等。公众对于外国电影的兴趣在增长，如《纽约客》（New Yorker Films）。此外，专注于过去的电影和导演回顾展的实验电影院和俱乐部，在这一时期也十分兴盛。

这种迷影的典型范例就是昆汀。没有受过正规的学院派教育，昆汀的电影启蒙教育来自他做影碟店店员时，大家观看不同国家不同风格影像的经历。还有一些视觉艺术家是典型的迷影，但是他们不做电影，他们的摄影和视频作品直接与他们丰富的电影经验联系起来，并在方法上探索电影新的不一样的表现形式。

20 世纪 90 年代，基于迷影理论引发了一场非常引人注目的讨论："电影之死"。在"电影之死"的声音高涨的 1990 年代中期，如果从市场上来说，这绝对是电影的一个辉煌时期，无论电影观众的数量、电影作品数量还是电影票房的数字，这个时期的电影状况都称得上兴盛，仅仅在 1994 年这一年，就产生了《终结者》《生死时速》《狮子王》《阿甘正传》《真实的谎言》等多部票房佳作。在这一时期出现"电影之死"的声音，从表面上看似乎有些令人费解。实际上，关于电影之死的讨论，主要来自观影的态度转变，艺术与工业的失衡现状。

这场讨论最初是由记者和批评家在杂志上所做的评论引发的，电影学者们并没有发表太多的言论，直到 1996 年苏珊发表文章《电影的衰落》。这篇文章所展现出来的深刻洞见和影响力，让这个话题在学术界成为热点．文章提出"如果迷影死亡，那么电影也会跟着死去"，如果电影想要复活，只有通过一种新的电影之爱（cine love）的出生才可以。

苏珊所说的电影之死并不是电影作为媒介形式的消失，而是电影作为艺术形式的削弱，表现为一种"好电影"的不再。1960 年到 1970 年的那些"伟大电影"（great cinema）不再被奉为神明。20 世纪 90 年代的那些大片虽然有着极强的观赏性，但诗学意味和电影式的辉煌已不复存在。"电影之死"的原因在于，工业占了上风，以往艺术和工业之间所保持的某种平衡已经被打破。电影制作被好莱坞的工业化体系所控制，这套工业体系有着固定的制作流程和发行系统，并且对影片的叙事模式也进行了某种固化，毫无疑问，这种固化对电影的艺术性的拓展来说，是一个致命的伤害。另外，从 20 世纪 80 年代开始，电影制作成本跃升，成本的大幅度增加，无形之中增加了制作方盈利的压力，这种压力使票房的追求成为首要目标，即便是对于有艺术追求的电影导演来说，利润的桎梏也使他们无法很好地发挥自身的艺术水平，他们的艺术头脑常常因为票房与利润的牵制而无法正常运行。

艺术与工业的平衡在于，这两种形式在本质上没有根本的差别。默片时代，格里菲斯等人的商业杰作保持着高水平的艺术品位，而被视为商业电影经典的希区柯克作品，其艺术性更是在法国受到极大的认可，他甚至被认为是作者电影的代表，被认为摆脱了好莱坞体系。但是在这个电影市场蓬勃发展的年代，艺术和工业之间严重失衡，冲突加剧，二者开始变得界限分明，电影作为工业而不是艺术的倾向越来越明显，电影更多地变成了大众娱乐，变成了一种活动，而不是严肃、虔诚地观看，在这种情况下，电影的衰落迹象越来越明显。

苏珊的文章在学术界引起很大反响，其后，大卫·丹比和斯坦利·考夫曼发表文章，对新技术环境下的电影观影进行了进一步的探讨。从本质上讲，苏珊强调人与作品的关系中所蕴含的象征意义，她甚至认为，正是因为电影的接受者与电影之间及制作者与电影之间的一种特殊的心理关联的断裂，才导致了电影的死亡。

第六章 动态影像的发展趋势

影像艺术的概念比较宽泛，现在电影、电视等制作都要用到影像和摄像技术，都被称为影像艺术。从1990年起，"影像艺术"在我国被广泛使用。"动态影像艺术"的概念是特指艺术门类，是当代艺术家借助各种设施表达自己思想动态的途径。有时候，一些人给"影像艺术"和"动态影像艺术"所起的名称相同，但其内涵和应用领域大不相同。影像艺术表明艺术家的思想较前卫，主要强调非艺术性，但动态影像艺术代表社会价值观，强调集体工业化制作，小部分电影也强调叙事。另外，"影像艺术"的艺术性较强，主要在一些艺术廊或酒吧中出现，"动态影像艺术"则在大众的电影院中出现。

其实，动态影像艺术是舶来品，在1920年出现，历经了胶片、磁带和数字的时代，有实验电影、录像艺术和新媒体影像三种相对比较重要的类型，这三种类型随着时代的发展而发展。1990年，动态影像艺术才由德国的汉堡美术学院介绍给中国，所以我们对西方这么多年来的作品和理论发展认知十分欠缺，这导致我国的艺术家们对艺术的创作和评论时常出现混乱，赋予其不同的理解。鉴于此，我国美术界就笼统地称为"影像艺术"，来避免错误分类。

开始仅有一个概念，但在发展的时候，这是远远不够的。现在，在"动态影像艺术"的中国式发展中，通过西方的视野来细致梳理，也就是把动态影像独立出来，通过分析观察实验电影、新媒体影像和录像艺术，描述它的历史发展和它在现在艺术界的身份。

第一节 实验电影

动态影像艺术能够出现，和电影息息相关。19世纪末，电影出现，给了人们图片从静止到动态的改变印象，但这不是什么新的艺术形式，因为当时的电影拍摄的都是人们感兴趣的画面。直到1920年，电影开始拍摄故事性的形式，也开始和商业产生联系，变成了人们口中的"大众电影"。有一部分思想比较先进的人想要阻止这种电影的发展，因为在他们看来，电影的本质应该是像油画这种艺术一样，并不是叙事的方式。这些持反对态度的艺术家在《未来主义电影宣言》中讲到"人们必须将电影作为一种表达媒介加以解放"。由此可见，实验电影是艺术家表达思想的方式，大众电影是为了大众的娱乐方式。在这个时期，16mm 的电影胶片和 8mm 的胶片出现了，因此，个人来拍摄电影也就变得简单了，因此人们开始了动态影像艺术电影的制作。

这部分艺术家和普通的电影导演不一样，他们更像一种不懂内情的摄影家，想要通过电影来表达他们心中的超现实主义，所以他们制作的电影并不是什么讲故事之类的。有些人把他们的作品叫作"实验电影"，这些电影开始的时候是在普通电影放映的幕间休息时放，但后来逐渐站稳了脚跟，逐渐发展成了现当代艺术中的"动态影像艺术"。

实验电影有以下特征：

一、动态的美术

实验电影在 1920 年左右逐渐兴起，但是它萌芽于意大利未来主义艺术家布鲁诺·科拉及其兄弟阿纳尔多·金纳 1910 年至 1912 年创作的实验电影。他们为了把抽象的画面变成可以动起来的"色彩音乐"，开始电影制作的尝试。布鲁诺这样说他们开始创作的想法："探索眼睛是否能像耳朵欣赏音乐一样感受色彩的微妙变化和相互和谐。"后来这就笼统概括了大部分人创作实验电影的初衷——让静止的画面动起来，给人一种美感。

到现在，制作实验电影看重的还是光影和色彩。这种特征并不真的来自电影，而是绘画中的特色。在早期，实验电影和绘画的关系密不可分，且有相当大的一部分"现代艺术"美术风潮和实验电影流派相对应。

其中，动画电影是"动态的美术"的代表作，这些电影就是在胶片上进行绘画或者雕刻，利用胶片给人们的视觉带来冲击。这里的动画并不是我们平时所说的动画片，动画是指画面有感觉地动起来，没有运动规律。维金·艾格林的《斜线交响曲》和奥斯卡的《研究》是动画电影代表作。《斜线交响曲》是将很多线条留在了胶卷上，直线、曲线、折线相互变化；《研究》则创造出了不同，将各种图形运动起来，用美术来衔接音乐的节奏。这是奥斯卡提出的"视觉音乐"，是动态美术的精华。

斯坦·布卡凯奇被誉为"地下电影"的先驱，他从 1950 年到 2000 年初这段时间创作了将近四百部的电影，最多的一种就是利用胶卷制作的作品，延续了"视觉音乐"的理念。他认为,画面动起来可以给人一种整体上的美感。他创作的《蛾光》把这种理念表现得淋漓尽致。这部作品的制作就是他把各种飞蛾的标本和植物标本粘贴在胶片上,借助胶片的流动,在放映机的作用下,这些标本中的生物像活了一般,在镜头下舞蹈,让人对生死进行思考。

实验电影中,立体主义也有体现,最能表达这一点的就是由费尔南创作的《机械芭蕾》。《机械芭蕾》是费尔南作为一个立体主义画家唯一制作的电影作品。这个电影的画面给人一种眼花缭乱的感觉,各种影像中都带有立体主义的风格,一个物体的不同视野范围拍摄的画面出现在一个镜头中,但是镜头剪辑有着绝对的韵律感,一些生活中很普通的事物通过不同的视角展现出来,给人一种机械性的思考。这些作品把绘画的基础通过流动的画面体现了出来,也体现了电影光影、时间与节奏的本质。

二、极端的叙事

至今,人们仍对"现代艺术"和"当代艺术"的概念存有许多纷争,但越来越多的艺术理论家同意以下说法:现代艺术开始于时尚,它并不是崇尚集体,而是回归平面,一反古典的艺术形式;当代艺术开始于杜尚,他颠覆古典艺术的概念,直接把一个小便池当作作品,不再重形式,而是重观念,他的风格变成了超现实主义。

1920年到1930年,好莱坞成了世界电影的主角,它符合大众的娱乐趣味,是一种叙事的类型,有开端、发展、高潮和结局,故事情节和人物十分集中,情节冲突十分强烈。与此同时,苏联的蒙太奇学派确立了世界上的叙事电影的范本,构成了人们比较喜欢的镜头规则;它不仅有人们喜欢的美术形式,还创新了电影的叙事方式。从某种意义上说,实验电影并不是普通电影,它不注重讲故事,而是强调写作意图,表现创作观念。

现在,大多数电影依然根据好莱坞的创作方式,视角单一,但思路清晰,故事冲突比较强烈。也有一小部分的实验电影一反普通的电影逻辑,把故事复杂化,给观众一种梦境的感觉。

被称为"前卫电影之母"的玛雅·黛伦是有史以来第一个获得古根海姆奖的人和戛纳"十六毫米实验电影国际大奖"的女性导演和美国导演。她创作的作品每一部都有真人扮演的部分,但不是主流叙事电影的剪辑逻辑,她一般打乱顺序或者将现实与梦幻结合。她的处女作《午后的迷惘》就是一个女人午后的梦境出现了五次。开头都相似,但每次都有不同的视角和情节,所以结局也就不同。她设置的这些情节与常理不同，具有一定的跳跃性，让观众开始观看时很迷惑，但看完再回顾，基本上就能明白作者的意图，其在描述一个女人通过各种方式寻找自我。和别的电影的区别在于：线索不是单一的，而是循环的；视角也是多重的，利用多个时间来描述一段情节。这种叙事方式被称为"多重式聚焦"。

实验电影之所以被称为实验电影，就是因其总是挑战极限，有的比主流电影更复杂，有的故事描述极为简单。

安迪·沃霍尔是波普艺术的倡导者和带领者，也是有名的实验电影人。他主张极简，整部片经常只是几个长镜头。从 1963 年开始，他的第一批实验电影《口交》《沉睡》还有《帝国大厦》的记录都处于持续状态。《沉睡》的拍摄就是一个男人的睡眠状态，但是片长长达 6 小时；《帝国大厦》拍摄的就是纽约帝国大厦从早上到清晨的变化，他的想法就是让观众体会事件的过程。通过观察人类最初的本能行为来引发人们对社会的思考。这种电影不可能成为主流电影，它简单粗暴地给人一种即时观念，更像一种行为艺术，对录像艺术有着引领作用。

第二节　录像艺术

成像设备是成像艺术形成的基本设施，所以设备的发展理所应当能引起影像表达方式的变化。1960 年出现了动态影像制作的设备、便携式摄像机和小型录放影机，它们用更方便和便宜的磁带代替了胶片来记录影像，所以被很多艺术家使用。技术的发展和艺术风潮赶在一起。那个时期，艺术已经从现代跨越到当代，产生了各种新的艺术风格和类型，其中有装置艺术、行为艺术、波普艺术和激浪派等，它们的共性就是观念远远高于形式。伊夫·克莱因和约瑟夫·波依思就是例子，他们都不需要物质化的作品，而是把自己的话语、表演或者是还没实现的艺术方式当作自己的作品。在这种艺术背景中，录像也只成为艺术家传达自己观念的工具。

这种新的艺术被称为录像艺术，或者视频艺术、录影艺术，具有鲜明的艺术特征。

一、非线性时间

"线性"的意思就是"按时间顺序"。有一句话是"电影是时间艺术"，就是指按照时间顺序排成的电影，让观众体会到时间逻辑。实验电影虽然和传统电影在观念上有所不同，但时间特质仍和传统电影一样的，以时间顺序为拍摄顺序，所以观众要有"线性"观看。

和"线性时间"相对立的就是"非线性时间"，即不根据时间顺序。虽然都称为影像艺术，但实验电影还是和电影有密切联系的，非线性时间偶尔也会在电影中出现。波普艺术和激浪派对录像艺术产生了很大的影响。最初，录像只在各种美术馆里播放，观众不经意地看到一段画面就可以了解到作者的创作意图，所以"非线性时间"的特点十分明显。后来发展的录像艺术更多地结合了空间，还添加了观众互动部分，时间逻辑就不明显了。

二、观念性

录像艺术在早期也和实验电影一样引入了美术风格，体现了1960年后"当代艺术"的思想。艺术中出现"观念"这个词语，最初，是在20世纪六七十年代的概念艺术中，主要表达批判的观念，给人一种强烈简单的感觉，不追求形式上的美观。因此，录像艺术和实验电影有着本质的区别。

白南准在德国的帕纳斯画廊中展出的《对音乐的说明——电子电视》是第一部录像艺术作品。这个作品是他把播放节目的电视机随便放置在房间中，利用设备干扰电视的接收信号，从而让电视画面变得扭曲。这个作品体现了录像艺术与实验电影的差别。观众没有根据时间来观看，而是随便地在房间里观看，作家也没有刻意注重电视播放出来的画面，而是看中电视给观众的整体感觉，他拒绝电视给观众带来的思想，他要证明电视是可以被他改造的。

1960年，美国人的娱乐方式大多在电视上，而且电视中的价值观对观众产生了深刻的影响。电视的第一次直播是1964年肯尼迪的遇刺事件，自此以后，"媒体"具有了强大的传播力量。艺术家们反对电视带来的影响，批评电视对观众价值观产生的影响，认为电视都是低俗的。所以，开始的录像艺术大部分是以"反电视"为主题。录像艺术产生缘由和它具有的观念就很明显了。

1974年，白南准创作的《电视佛陀》在观念上更加深刻：一个球形电视机放在一尊古董佛像前面，还有一个摄像镜头放在了电视机后面，这样佛陀就能看到电视中的自己。这个作品就是要让观众通过这一整个装置来深入思考文化冲突和物质矛盾。

三、空间性

录像艺术具有时间的非线性，但是这种非线性一般在空间中才能出现。观众在白南准的作品中看到了影像不是录像艺术的全部，作品的意义有时得通过好几个影像设置在一个空间里。所以，空间性也是录像艺术的一个特点。发展到后期，就是多个屏幕的作品了，有时候也可以是结合了影像和装置，给观众一种身临其境的效果。

空间性对于录像艺术是不可或缺的存在，这一点在比尔·维奥拉的作品中大有体现。从1972年开始，他已经创作了上百件作品，主题一般是人性和宗教，用的就是多屏并置的方式。他在2001年的《凯瑟琳的房间》中就是采用的按照五个书一样大小的屏幕放映顺序来展示凯瑟琳的生活。拍摄的角度不同，所以给人一种墙上有五个小空间的感觉。人们在五个房间里看到了凯瑟琳五个不同的生活。五个画面一起循环播放给人们一种生活永远是这一天的感觉，感到"世纪的孤独"。在2007年威尼斯双年展上展出的《没有岸的海》更加体现了影像空间相结合的美感。维奥拉把屏幕放在了教堂的祭坛上，分别放映着男人、女人、老人通过一个水幕跨到另一个屏幕上去，给人一种生死轮回的感觉。他说其实他也是毫无头绪的，是教堂让他产生了灵感。可以说，这个作品是结合了录像、空间和装置的艺术。

第三节　艺术与科技融合背景下的动态影像

1990年起，影像的制作开始使用新科技，即电脑和数字，于是动态影像开始进入了数字时代。

发展到这个时期，艺术的表达方式中加入了影像，数字化技术可以用来制作影像，艺术家还可以将各种装置和艺术相结合，创作出更多的媒体影像。"新媒体"只是在当时是新技术，"新"的概念随着时代的改变而改变，时间长了就会变成"旧"，再过几年还会有新的艺术形式产生。

新媒体录像即用数字技术将艺术家的作品制作成动态影像，表现形式多种多样，观看形式也有非线性的、现场的和参与的。

新媒体影像的艺术形式和实验电影与录像艺术有着很大差别。

（一）互动性

罗伊·阿斯科特是新媒体艺术的先驱，他认为新媒体艺术最鲜明的特质为连接性和互动性。现在，一说到"新媒体"这个词，大多数人想到的就是互动艺术。

其实，与观众互动的方式早在录像艺术时代就已经萌芽了，只是到了1990年以后的数字时代，这种互动方式就更加频繁了，创作者可以和全世界的观众沟通。如今，互联网提供了一个宽阔的互动平台，也由此产生了"网络艺术"。网络艺术就是通过互联网，让观众从网上观看和参与的艺术类别经常用影像与程序相结合，给观众提供了参与创作的机会。网络艺术不只是可以由个人制作，还可以由观众参与创作，这样出现在观众眼前的有可能就不是成品了，而是通过网络随着参与者的创造共同完成的，网络成了作品改变的过程，有些作品还可能一直是过程中的作品。

中国有位年轻艺术家曹斐，他在"第二人生"这个游戏中建立的"人民城寨"是网络影像艺术的典范。这个游戏有虚拟的地点，包括中国城市中的各种特征，有东方明珠和中央电视台等，还有各种贴着广告的巷子和各种人物塑像等。里面的主要人物就是"中国翠西"，剩下的人物有的是她艺术界的朋友，还有许多网友，这些人一起建立了这个虚拟空间。进入"人民城寨"后，最先看到的是一个标语"我的城市是你的，你的城市也是我的"。全世界的人都可以通过网络进入这个城市，城市里的每个人都是这个作品的一部分，非常明显地体现了"互动"。在2001年1月10日，"人民城寨"开城，里面的许多活动都是面向网友的。这个作品最初的制作就是实验电影，曹斐是年轻文化的青年代表，她的作品都和影像息息相关，而这个游戏就是由独立转向互动的一个转折点。

除网络新媒体影像艺术外，还有在展览现场和观众互动的新媒体影像艺术。它们一般利用各种物理化学跨学科媒介和热传感技术来使作品和观众互动。

在2008年6月，中国美术馆举办了"合成时代：媒体中国2008——国际新媒体艺术展"，这个展出是我国有史以来最有技术含量的艺术展，其中有30个国家的作品，涵盖了当今最具创造性的艺术作品和研究成果。来自澳大利亚艺术家Stelarc的作品《人造的头》以动态影像元素为主，被观众称为"最亲切的作品"，它有一个可以和观众对话的装置。当它的立体空间范围内有人时，这个装置就会自动出现一个中年男人头的影像，观众就可以输入自己想提问的问题，这个"中年男人"有表情和词汇，还能积累观众提供的新信息。于是，和这个男人的对话就变得有趣，观众还可以提问八卦的问题。随着越来越多的人的参与，这个虚拟的人也有了人的智慧，就不再是艺术家的个人作品了。

（二）跨界性

这些年以来，影像发展越来越有"跨界"性，形成视、听、触觉等各个感官相互融合的综合性艺术。这种性质突出表现为影像、舞蹈和音乐等的结合，使艺术表现得越来越立体多变。

现在的各个剧场艺术中，影像成了不可或缺的一部分，它使单一的演出变得丰富，成了"多媒体剧场"。2008年，南京举行了第三十一届国际戏剧节，加拿大四维艺术剧团创作的多媒体剧《动漫大师诺曼》给观众带来了强大的视觉震撼，电影片段和演员的表演一同出现，形成了完美融合；最大的看点就是舞蹈家托斯默出现在影片中，与影片中的人物共舞互动；投影仪放在舞台下面或者是两侧，通过镜子反射来使影像"凭空"出现，于是影像就离开了屏幕，直接出现在了舞台中间，与托斯默一同舞蹈。

VJ主要是影像和音乐的结合，它是影像骑师的缩写，代表驾驭视觉效果的人。和DJ相似，都是把握节奏和韵律，给演出过程中的表演剪接和做出特效影像。这样制作出来的影像比较抽象、有节奏感，有实验电影"视觉音乐"的理念，又加入了录像艺术的即兴表演。

VJ现在的创作形式主要有三种：一是拍摄制作小段视频，截取电影中的片段，对它们进行重新整理；二是利用数字技术制作出一种抽象的视觉效果；三是把观众的画面和影像搭配，一般与实验性的音乐演出相结合。比较好的VJ除了有音乐节拍，还要制作出有意义的动态影像艺术。

与日俱增的跨界合作，使动态影像艺术成为艺术作品中很重要的一部分，也使表演更加复杂。

动态影像艺术从胶片发展到磁带，再到数字，从实验电影发展到录像艺术，再到新媒体影像，思路不断转变。动态影像艺术的表达由独立到互动等逐渐变换。现在，动态影像艺术有展览和放映，在西方随处可见，还有世界三大艺术展览和三大电影节。在这些展览和电影节中，动态影像作品越来越多，且电影节中还有平行影像艺术展。

这些年来，动态影像艺术不断发展，已经成为艺术界一种重要的体裁，甚至是体现人类文明的重要方式。动态影像艺术是最年轻的艺术体裁，将来还会随着科技和社会的发展不断有新的思路和形态，引领艺术的发展。

第七章　动态影像的教育

当今时代，数字影像设计越来越受到人们的关注，因为它可以得到最高的附加价值。电子影像领域新兴的动态影像可以把产业时代影像领域的动漫和电影这两个领域区分开来。动态影像作为优秀的文化传播方式，可以更加直接地向人们表现出事物的实体和感情以及人们无法用言语来表达的想象力方面的内容。虽然动态影像兴起时间很短，但影响范围很广。

随着社会性需求的增加，动态影像被灵活运用到广告、网页设计、电影等领域。新的技术变化孕育了新的动漫形式，顺应了动态影像时代性的变化和要求。动态影像上的各个媒体和谐共处并且衍生出新的媒体，这就是动态影像媒体的融合，不仅要求用要传达的信息勾起人感官的反应，还要期待综合效应。视觉上对事物的区分认知，听觉上对事物的感性理解及身体接触事物后的感知三者协调一致，因而产生了新的局面。

反省并改善产业社会存在的矛盾和缺陷后，新型结构的历史形态结构和电子革命就开始由知识情报化向具体化发展。人们不管什么时候都要用所学的知识和经验来建立社会，并从中受到影响。

2000年10月，ICOGRADA平面设计大会在首尔开幕，来自中国、美国、韩国在内的17个国家的设计师共同商议了新千年设计教育理念的方向，并发表了宣言。宣言不仅是一个简单的活动宣言，更是21世纪设计教育新方向的指示。在此宣言中，在讲"影像设计"用语的理解时提了设计教育对未来方向的指示和文化方面对7种"设计者"领域的影响。随着媒体技术的不断发展，情报经济日益增长，要寻找能够建立与现在不一样的生态均衡方法。

新型设计计划的影像、文字、空间及相互作用的多个领域融为一体，重点培养将批评性的理念加入设计教育信息流通模式中，在设计教育能力的提高和新理念信息流通模式的建立过程中运用智慧与方法。设计教育者在给学生提供知识的同时，要把学生培养成更加优秀的独立设计者，设计教育理念由以"教"为中心改为以"学习"为中心。

这一要求成为21世纪电子环境中需要改变的教育性目标。我们所向往和所需要变化的教育计划新模版则是以多样化和个性化共存，将快速与缓慢相结合的新文化的形成。

动态影像专业鼓励学生尽自己所能去获得最佳的专业效果，多进行创新性的视觉实践，因为它有着强大的概念和实验基础的支持；通过取得行业标准技能和经验，让全体学生感受到他们身上无穷的潜力，激发他们独立创作的兴趣。

动态影像的理论与实践相结合，强调原创的发展概念和创新的专业技能，它专注于在特定领域给学生们提供一个创作的机会，也为电影创作提供了一个自由的发展平台。

我们鼓励学生在艺术与设计学院里找到反映当代行业的规则及与其他专业行家合作的益处，希望学生可以完善自己的创作实践，在未来制作出高专业水平的作品，使当代工业的规则渐渐显现出来。

在团队实践中使用尖端的数码设备，创造复杂的视觉效果，以解说性的语言来传递技能，如真人表演、动画电影制作等。

毕业生可以把自己当作一个电影工作者或动画制作者，在相关的特定领域，如电影、动画、后期制作等中有所成就。

在这个飞速发展的跨学界的时代，动态影像专业的学生应该具备创造性的技术优势和创作技能，不断完善自己的实践经验，提高个人的工作能力，在动态影像这个领域有所成就。

通过教育局而得到的经验和学习成果必须以创意性和核心的文化为主导的，只有实践融合创意型的方法论和对生活实质的理解，才能找到统合设计教育的新方向。

第一节　关于教育影像的研究

自从电影这个新兴媒体进入中国后，影像的黄金时代就开始了。教育的影像被做成了活动影像的教育纪录片，形成了电影化的形式。它呈现的内容是立体的，与纸质文本完全不同。因此，中国教育影像研究，蕴含了深长的历史意味和现实意味，这不仅是镜头对教育生活的捕捉，更是对教育的影像诠释。

一、教育影像研究的缺失

本文所指的影像是指巴赞使用摄像机工作和记录，也是克拉考尔所谓的

"物质世界的复原"的影像，它可以分为官方影像和民间影像两种。其中，官方影像一般是指体制内的机构生产的影像，通过正规渠道、主流媒体发布的影像，并且有政府扶持。民间影像有两种理解：在广义上，它有商业性与非商业性影像两种，包括民间影像机构和个人生产的影像；在狭义上，它是一种大众影像，是指民众生产的非商业性的个人影像。

影像中的纪录片领域一直以惯例确立自身与其他影片类型的区别，并且有自己的标准。纪录片具有"清醒话语"的特征，它也有着类似文献记录性质的东西，但它与文献记录有所不同。约翰·格里尔逊提出，创造性地对待现实，主要指采取戏剧化手法对现实生活事件进行"搬演"甚至"重构"，即揭示了纪录片是一种真实、直接的影像。

20世纪以来，影像的成长与社会发展、技术进步、文化转向齐头并进。据统计，涉及教育的影片占有相当大的比例。

中国早期纪录片被认为是教育事业的一部分，它始于为教育人群而拍片的商务印书馆。商务印书馆于1919年向政府呈递的报告《为自制活动影片请准免税呈文》中表明："活动影片"是"通俗教育必须之品"，"与书籍之于学校者，为物虽异，功效无殊"。

1942年到1943年，中国建立了"中华教育电影制片厂"和"中国农村教育电影公司"两家国营制片机构。前者由陈立夫等发起创建，后者由当时的中国农民银行投资创办。两家机构均以教育为目标，不以营利为创办宗旨。因此，配备的设备都以16mm小型电影机为主，专门为拍摄各类教育纪录片。这类影片作为学校的补充教材及向乡村民众灌输知识的辅助工具，少数用于国际宣传，不在影院放映。

1949年后，新闻纪录片遍及全国，广大群众都养成了看纪录片的习惯。可是许多新闻纪录片都是"形象化的政论"；透过这些表象，依稀可见历史时期的教育生活片段，但是内容极少涉及教育的活动和事件。

在国际影展成功之后，纪录片在中国形成了一个新浪潮。这一时期中国纪录片的主题为"追求尽量不带主观预见地客观反映事物的进展""用事实说话"。类似《百姓故事》这种平民化的视角获得了大众的追捧，大众文化也慢慢崛起了。随着DV的出现，纪录片成为人们用摄像机"写"下的生活日记。这样纪录片的平民精神真正发扬起来，有了真正接近生活本质的可能。人们学习用纪录片讲述自己的故事，也让观看者真切地感受到平民的情感世界。镜头里记录了平凡的人在不平凡的精神及对权威和规则的挑战。

21世纪末期，通过"真实电影"运动及21世纪"真实导演计划"的推进，独立制片人阐述个人对社会见解的作品在电影、电视领域逐渐发展起来。他们强调从个人的角度观察世界、记录世界，去讲述属于自己的故事。此类影片大都记录编导生活中的细节，小部分记录了目前尚未被允许播放的人和事。他们将创作中个人化的历史叙事作为主要内容。正如韩鸿所言："纪录片还是应该非常个人化的。片子里要有个人的视点，而不是别人都能想到的。"这场新纪录运动的高峰出现在2000年后，优秀作品大量出现，如2000年的《十七岁的单车》，2001年的《城乡接合部》，2007年的《书包里的秘密》等。这些作品成为直击中国教育的一个个独立的纪录片视角。

虽然涌现了许多有关教育的作品，但总体上，关注教育的力度和深度还是不够。学术研究领域同样存在这样的问题。教育研究在影像研究方面没有发展起来，影响与教育也没有直接关联。在CNKI的文献检索的关键词一栏输入纪录片、影像、教育，得出的信息中绝大多数是其他学科，如传播学、艺术学、电影学、历史学的相关研究总体，它们都是结合其学科特点，分析和研究纪录片本体或历史。例如，南开大学唐晨光《影像中的20世纪中国——中国纪录片的发展与社会变迁》，是从历史学的角度出发；中国传媒大学宋素丽《叙事心理学视野中的中国纪录片研究》，是利用传媒学的方法深入研究。

目前，已知文献对教育影像的研究主要是对教育电影的欣赏及探讨，相关的研究性论文非常少见。在纪录片中教育的相关研究，零星见于对中国早期教育电影的分析，如西南大学虞吉的《民国教育电影运动教育思想研究》，西南师大彭骄雪的《民国时期教育电影发展史略》等。1949年的纪录片研究，教育学根本没有出现过。

总体来看，国内学界极少学者研究教育学中研究分析影像，而主要在传播学、艺术学和社会学领域投入大量精力，一些已有的研究都没有深入到中国教育的核心问题。从影像角度看，研究中国教育问题的著作和论文还没有出现。从学科角度看，教育研究暂时还没有涉及纪录片领域。亟待在教育纪录片研究领域有所发展，为人们提供一个崭新的观看教育现场的方式。

二、教育影像记忆的价值

为什么关注中国教育记录影像的研究？教育影像的史料提供了什么视角和方法？可视的叙事方式对研究中国教育有怎样的意义？怎样把动态的教育现场发生的事件用影像来折射教育承担的社会责任？上述的问题，是研究的目的取向。

透过对教育纪录片中展现的教育生活的研究分析，以影像的视角审视中国教育的重大变迁与发展中有意义的事件，通过媒介把实有的事物将按真实状貌记录下来，这就是所说的纪录片。教育纪录片作为一种对事实的记录，既承担着纪录片的责任，也蕴含着教育的目标和使命。

记录影像以镜头为工具，以影像为媒介，以人性化的方式关注教育者和受教育者的生活。在研究过去教育的同时，给未来的教育有所启示。通过影像与教育的"话语"相互佐证，还原以前的中国教育，展现时代进程中教育对人类的深远影响。

教育影像的研究，具有以下独特的学术价值：

第一，影像中呈现的教育现场是对历史的补充。教育影像研究利用镜头下的叙事，"深描"平民的教育生活；通过纪录片多角度地追踪记录中国教育的问题。影像的不同视角可以多角度地看教育在各层面的活动，为中国教育的研究补充了影像史料，也为教育研究者提供全新的研究视角。正如伊格尔斯所说："历史的意义并不独只是学术而已，还在于各种不同形式的历史记忆与历史再现。"

第二，可以丰富教育史学的研究。此研究是跨学科、多学科和边缘学科研究的整合。近年来，研究中国教育的角度和方法日益丰富，但关于教育影像的研究还比较少见。从哲学上看，纪录片影像是一个实然性的角度，教育是应然性的角度。教育用电影的形式表达，电影的话语又反映了教育，折射了教育的核心价值取向。

20世纪这段历史大都被留在了胶片和磁带里。在纪录片中，通过各种镜头和画面之间不断地切换，不仅达到了逼真的效果，也获取了各种可供解读的图像。对于图像的史料和艺术家的考证，都将成为图像证史的首要目标。导演罗伯托·罗塞利尼认为，作为证据的影片应当成为写作历史的手段之一，或许比其他手段更有价值。纪录片还原的中国教育的状貌是一个整体的生态环境，它所呈现的故事、人物都是鲜活的，这无疑是一部别样的教育史。

事实上，影像史学的出现是影视对历史学产生深刻意义的结果，也与19世纪学术界对叙事体历史的复兴密切关联。影像史学强调，用影视化的话语表达历史以及对它的思考，使用视觉影像传达历史的"词汇""文法""句法"的独特性，这无疑是对"史学"的补充。

从历史学趋势来看，历史已成为一种带有自我价值观念与现实紧密关联的社会行为。研究者通过对历史影像进行观察、梳理、编辑和叙述，最终呈现出集体心态、集体记忆和集体表象下人类行为的多个层面。在研究人物、传统以及当时的社会思潮时，打破了传统治史模式的思路。

三、研究的方法及其意义

最近几年，教育研究在微观上开展了层层深入的研究分析，采用的是叙事的方法。普通的个人的活动、思想、情感等构成了一幅动态的画卷，也形成了等待我们去研究的教育事件；它聚焦个体或群体的内在感受和经验，而不是重视宏大的历史叙述，用讲故事的方式来叙述人们的经验。叙事本就是电影的重要话语方式，电影的素材则是影像传递的故事信息，纪录片记录的就是人的一段历史，是对人的尊重。

教育纪录片的故事发生的时空坐标是一个又一个交错的时间节点的序列，在位置上包括时间序列、空间序列、主题序列三种。就教育叙事而言，叙事包含一系列的事件，重新调整了现实中的时间顺序来体现对于事件的独特理解。叙事不仅因其序列获得意义，也因叙述事件中叙事的"位置"而获得了意义。

纪录片教育现场采用叙事研究的方式，从叙事研究的角度提供了临场的真实感和一个真实可观的教育叙事"场域"。对纪录片镜头和导演意图进行揣摩，一类素材来自纪录片影像、镜头、话语的分析，一类是导演自述，还有一类来自文本故事及国内外相关研究文献。由此，它同样关系到研究的空间坐标和时间跨度。

就空间坐标而言，影片可以通过画面来表达过去，并且通过表面和空间描述过去的时代精神。但是，问题在于这种潜力是否被加以利用，能否取得很大成功。如果想说明这个问题，可以把以较早的历史时期为背景的影片与以较近的历史时期为背景的影片对比一下。

把以较近时期为背景的影片当作历史来看待时，特别是涉及时代的风格，通常要更准确一些。例如，胡劲草执导的影片《幼童》，这部纪录片分五个章节，每集50分钟；它在五光十色的镜头下重现了一百多年前清政府先后派出的四批120名留美幼童的故事。这个故事由一个很小的切口开始叙述，从容闳的个人生活，慢慢叙述到那120名孩子的故事，逐渐引出这些孩子的命运和这两个国家命运的关联。

在19世纪之前的电影制作中，特别让我们回忆的片段是那些让过去事情重现的作品。访谈成为构成作品的重要组成，对过去发生的事，进行画面构思。这种方法可能会出现时代的错置。

《改革开放30年》的第一集《生于1977》(2006)采访了三位1977年参加高考的学者。他们讲,当时处于北大荒,要辛勤地做农活,利用空闲时间学习。当下的我们,回忆过去的画面,要在影片的携同下,通过时代错置,帮助我们更好地进入影片的情节。时代的错置,让我们通过对比把事情了解透彻,通过银幕表达日常的琐碎小事,而这正是纪录片的优势。

对于纪录片的研究,还要关注时间的处理。在纪录片中反映的不同研究主题或问题,是以不同的方式与时间维度发生关联的。在社会学定量研究中包含了横剖研究、纵贯研究,即关注单一时点与多重时点之间的交叉。从横向来看,对于世界的观察采取了瞬间取景的描述方式,在某一特定时点进行观察,给出一个解释或描述;从纵向的角度,则是通过时间序列研究、专题小组研究以及同期群分析来寻求社会变迁中教育问题的答案。

在叙事研究中,时间起到很大的作用。从拍摄角度来分析,我们要选定许多地方作为背景,再现我们的生活。不同的片段通过时间的变化可以组合成一部影视作品。这种组合方法也许会有些虚幻,与我们的生活有些差距。当拍摄角度发生变化时,在这个间隔阶段,可以将时间进行规划。而完成一部作品,设计时间是必要的,这可以让作品更加具有创造性。

例如,在《新中国教育纪事》第一集《大众教育》中,全景镜头是1949年12月23—31日第一次全国教育工作会议的召开,在短短2秒钟的静顿画面中,字幕出现了:中华人民的教育历史揭开了新的历史篇章;1949年9月21日,中国人民政治协商会议第一次会议在中南海怀仁堂召开;《共同纲领》第四十一条,提出了文教政策新民主主义的教育。这段文字非常清晰地传达了一个重要的教育事件:1949年的中国人民政治协商会议第一次会议提出了"新民主主义的教育"的文教政策。透过这一事件,新中国的许多教育改革已悄然发生了。这条信息起了提纲挈领的作用,涵盖了各种照片、文章、政策及图像、声音、故事等。通过这一节点,可以追踪不同时期的事件、人物或社会间关系。又如,在《高二》里,有两条线索交织,一个是生活流,另一个是心理独白。这种独白没有采用解说词,而是用林佳燕的日记来串联的,这种对时间的调度也是对影片节奏的把控。

纪录片本身如此,因而也构成了教育影像研究的重要方法维度。

传播学中,通常将纪录片分成三角形结构,即制作者的故事、影片本身的故事和观众的故事;通过不同结构之间的张力,凸显纪录片的意蕴。在传播学的术语中,这是纪录片的"噪音";这种"噪音"能够传达观点,也能够创造情境或表达见解。换言之，纪录片是试图凭借其论点或者观点的力度及其"嗓音"的感染力和权威性来说服观众的。

所以，我们要让纪录片得到升华，让它的内涵更加丰富，采取的角度更加多样化。采用平常的手法，记录会稳定地前进，但也许达不到预期效果。从生活小事入手，也可以使角度多样化。对生活小事进行观察，贴近生活的意义，这样我们会受益匪浅。不论是其中哪一种形式，目的都是对本质的追求。

以对话者为例，当事人的讲话是最具权威的，因此访谈是纪录片的常规操作之一。当事人通过银幕诉说心中的愤慨和感受。在任何时候，都不会出现那些与事实不符的、与原意不同的、将过往的事改得面目全非的情况。如果无法对事情的真实性得到肯定，我们也许就感觉不到那种心灵的触感。

这样的情况下，纪录片记载的历史与原有历史有差异性。创作者在创作作品时，站在影片外考虑问题，不身在其中，判断更加具有客观性，也许这大大改变了作品的原始想法和本质。

所以，我们要时刻清晰明了，心里要有标杆，要时刻记住我们现在在记录之前的事，我们要好好分析论证，理清思维，得到教育的意义。

所以，我们要采取一定的方法将这些事实表达得淋漓尽致，让人们可以在作品中体会当时人物的心理。当然，我们还要与实际相联系，得到意义的深入思考，解决当下的问题。

从整体上来说，收集多样的文献与资料，可以从多种角度对历史进行分析，并且找出新的思想，注入新的活力，引导我们走向作品的深层。通过作者提供的台阶步步走向知识的海洋，通过讲述的故事使我们的心灵得到净化，让我们的思想更加丰富。只有这样，才能将中国的教育历史篇章写得生动形象、趣味盎然。

第二节　视觉文化与美术教育

一、视觉文化的繁荣

在 20 世纪后半叶开始后至今，科学在快速地进步，经济、政治也在持续不断地发展，生活水平得到了提高。影像成为我们的选择，它与我们获得信息的生活息息相关，我们也在与相关的商业联系在一起，如广告、电影、游戏、录像、动画等充斥在人们的生活中，成为人们生活的组成部分。

在今日的发展趋势下，通过视觉得到的东西，似乎要超越文字的记述。一些经验和知识，转化为视觉文化，向我们传达着它的深层含义。通过画面，可以知道许多的事物，远远超过我们循序渐进地学习所得到的。视觉得到的知识和视觉艺术，是两个不同的事物，在文化的影响下，我们看到的历史有可能是被改过的。观看的画面与观看作品的展览有许多的差异。当我们去观看一场电影的时候，也许我们会把注意力集中在故事的情节上，忽视其内在含义，那我们就学不到它的历史意义，甚至说很难全面地认识到其深层含义。

其实，在享受画面带来的知识时，我们会感到历史的伟大，将这些文化用视频把本体和意义呈现在我们的面前，我们在文化的熏陶下享受着视听盛宴。作品高于生活，也来源于生活。我们可以通过可见的东西将它呈现出来，也可以将一些呈现出来的东西，通过思想转化成另一种形式来进行观赏，这将是一个伟大的工程。

我们不得不感叹，视觉文化带给我们的效果是深远而有意义的。在2003年，美国的克里·弗里德曼（Kerry Freedman）高度概括了文化的多样性。

二、视觉文化背景下的学校美术教育

随着社会的发展，文化与艺术在前进的道路上不断变化与改善。视觉文化源于生活。通过不断学习，近20年来的艺术教育取得了一定的发展，也得到许多方面的改善：

（一）美术教育目标的转换

美国教育家杜威曾经提出，艺术的创作者是从生活中得到经验，加上自己的分析和思想，进行创造。生活中的我们，何尝不是这样！在生活中寻找理想而苦于无果的我们，也会在虚幻中寄托理想，这也许就是生活的真谛吧！在我们的生活中，经验是非常重要的，它是一切创作的源泉。

我们从身边小事产生灵感，将各种艺术作为爱好，欣赏、诠释、发扬它们，让每个个体展现其独特性，不再成为跟随者，而是成为积极者、向上者，用自己思维解开难题，学会思考，学会斗争，学会适应，创造生命，塑造自我。坚持方可得到成功，艺术带给我们许多乐趣。

（二）美术教育课程的重建

现代课程观强调科学理性，经验具有普遍性，直线因果关系所产生的意义和价值是稳定不变的，因此学校美术课程采取一环扣一环、一环比一环大的课程结构，代表着一种"以学科为本"的课程观。这种严谨的、标准化的国家课程，限制了教师在课程选择和创造中的个性表现，规范了学生在学习过程中的身份建构。

后现代课程观提倡经验是非线性的自我感觉，意义和价值是社会建构的，并随着时代、地域和社会结构的变迁而改变，对意义和价值存在多种诠释。这是因为在日趋复杂化的日常生活中，学生获取知识的来源和轨迹是高度互动和多方向性的，他们对各种媒体影像进行挪用、拼贴、重组并赋予新的意义，以建构自己的文化符号。美国俄亥俄州立大学教授亚瑟·艾夫兰（Arthur Efland）把视觉文化背景下的学校美术课程比喻为城市的交通运输平面图，每一个交接点都可以是探究课程的起点，而每个人的探究方向因个人兴趣和经验的不同，可以是不一样的。

（三）美术教育场域的扩大

后现代课程观认为，社区是一种适当的艺术教育场所，而学校是社区文化的一部分，应提供个人心智成长和连接社会动力的机会。贝伦特·威尔逊（Brent Wilson）建议教师采取一种"把社区艺术文化带出来，把在外面的艺术文化带进去"（Inside Out and Out side in）的交互策略，并把其发展成一种全球和当地文化沟通的策略。与此同时，一些美术教育工作者注重以环境生态和文化融合为主要教学目的，强调教学内容的整合，将美术学科与历史、地理、文学、科学等学科相结合，组成一个个教学单元，营造多元的学习情境。

（四）学生与教师互动的美术教学

过去的教学方法，大多数以教师为主体，学生的主要任务是聆听和领会。学生理所当然地接受教师传递的审美感观，但美术源于生活如果不与生活联系相结合，难以激发学生的学习兴趣。

在视觉文化的教学中，教师起到重要的作用，其注重学生与教师的交流，与生活更加相符，既涉及雕刻等方面，又与电子媒介等息息相关。所以，教育与生活要和谐共处，共同发展。

综合来说，在视觉文化的背景下，教育的目的、内容、方法在与时俱进，影响着学生的现实生活，同时又对其未来的生活产生潜移默化的影响。

第三节 视觉文化的转型对美术教育的挑战

一、时代的新发展

（一）大数据颠覆人类的思维习惯

近年来，大数据（Big Data）一词使用率在增加。它的独特性在于数据内容大，种类多样，处理效率快，历史意义比较深远，影响力较大。

在大数据时代，一个层次，信息被广泛传播。2012年，美国独立性民调机构皮尤研究中心（Pew Research Center）的报告表明，将近一半的美国成年网民热衷于原始作品，将原汁原味的照片或视频分布出来，与此同时社交网站面书（Facebook）宣布，每月有7000万亿字符，大于千兆字节在服务器的数据被添加上。曾有统计，在2014年就获得超时8.8万亿幅影像。另外，移动终端的使用频率也在增加，并且，年龄小的少年也被它深深影响着。一个幼儿，在不会讲话的情况下，却懂得用小手滑动手机，甚至还没有满月的小孩，看到屏幕上的影像也会被深深吸引。这个现象尤为普遍。大约30%的小孩，每天使用网络，38%两岁以下的婴儿，懂得在手机上操作着看电影。

美国学者维克托·迈尔·舍恩伯格认为，大数据带来的信息风暴正在变革我们的生活。信息时代的到来，给我们的生活方式和思想带来改变。不再刨根问底地去找寻答案，而是从整体上体会相互之间的联系，这也许与我们传统的思维有很大的出入，但使我们对世界的观点和人类的认识上升到一个新的层次。

（二）文化的多元性与文化间的对话

如今，搬迁或改变居住地，已经普遍的出现在大众的生活中。依据相关的调查报告显示，直到2016，大约有1.91亿移民人口，其中一小部分人生活在欧洲。我们应该考虑的问题是，各民族能否相互融合、和平共处地下，彼此能否对对方的文化进行了解和包容。

2010年5月，一份报告在联合国问世，这是一个有意义性的报告。该报告指出，文化具有两方面的意义，虽各有不同，但相互补充：第一，文化在特定的含义中有时会有些差异，具有独特的意义和表达方式；第二，文化在创造中形成。各民族相互交流和学习，创造并发展新的财富，带来新颖的成果。我们要保护文化的传统性，在原有的基础上，对它进行创新和拓展，将资源的价值得到实现和提升。

研究成果还指出，"在文化多姿多彩的映射下，群体之间的联系更加的丰富多彩。作为一个独立的个体，学习对我们至关重要。我们相聚一堂，相互交流，共同成长，实现了学习和交往的意义，实现了各个民族之间语言的沟通。各个领域与教育相连，可以使我们学习许多的内容，不仅是纸质的，还有生活上的经验与教训。多彩的教育体系，引领我们走向丰富自己的道路。我们借助一些工具、场所来完成学业，学会适应潮流的发展。生活在进步，我们的知识也在不断增加。在困难面前，我们都会乘风破浪，直达终点。"因此，积极开展文化艺术的活动，培养与人相互交往的能力，迫在眉睫。

二、视觉文化转型对学校美术教育的挑战

（一）视觉文化的转型

随着时间流逝，科学的进步，城市的建立，艺术的丰富，社会在繁荣，视觉文化也在新的认识下，得到新的改善。

在电子竞技方面，2017年的电子艺术节在上海举办，推动了电子艺术产业的发展。其表现形式为影集、图片、舞台剧等各色艺术相结合的形式呈现。

我们要保护传统文化。在2003年10月，联合国教科文组织开展第三十二届大会，通过了《保护非物质文化遗产公约》，旨在保护以传统口述等为代表的非物质文化遗产。该法律将在2006年4月生效。在2004年8月，中国加入该公约，该公约保护了传统民间艺术，使人们意识到非物质文化遗产对加强人与人之间的交流起到至关重要的作用。因此，必须培养青少年保护非物质质文化的意识。

语言的表达尤为重要，城市在发展，社会在进步，乡村的务农者和工业的工作者涌入城市，逐渐改变了原有城市文化的结构，使城市文化的内容与形式更为多元。

（二）对美术教育的挑战

数十年前，视觉文化的兴起推动了学校美术教育的发展。如今，视觉文化的转型从目标、内容、方法和评价各方面对学校美术教育提出了新的挑战，同时为青少年获得更为深刻、全面的美术能力与视觉素养提供了前所未有的空间与潜力。

在视觉文化的变化过程中，艺术的发展尤为重要。艺术教育领域发生重大

的改变，分析角度在转化，层次在改变，因此，需要我们从新兴的力量中汲取经验，换位分析，加强对青少年素养的培养，帮助其实现人生的价值，完成人生目标。

三、视觉素养是一个新兴的研究领域

随着科学的发展，网络遍布全球，使我们学习的知识更加广泛，途径更加多彩。20世纪90年代以后，文化时代的到来，影响了一代又一代人们。21世纪以来，西方学者曾提出文化新的含义。现在，我们用信息工具传递信息，用各种身体形式与语言形式传达意韵，揭开神秘的面纱，使传递系统进一步升级。这些符号被赋予特殊的含义。在以往的学习中，使用的方法局限性较大，现在我们运用多种方法，其中离不开视觉素养。

视觉素养是一个新兴的研究领域，由约翰·戴伯斯于1969年提出。视觉素养是通过观察和分析，整合其他视觉经验而发展的素质。2004年1月将视觉素养定义为对人们的感官进行了解，解释所看到的事物及学习。

"观看"是一个比较重要的词。Visual Literacy也可以译为"视觉读写能力"。一方面，它对观察到的事物进行分析和了解；另一方面，它研究如何在相互交流和分析的情况下给予新的定义。笔者认为，素养体现在思想的分析、语言的运用、美感的使用、对结果的影响等方面。在艺术的传递下，我们要发挥它最大的作用，提升个人素养，提高交流能力，让生活丰富多彩。

无论在哪个时代，无论处于何种地位、何种处境，视觉素养都不可以丢弃。

美国预言家阿尔文·托夫勒（Alvin Toffler）曾在1980年发表《第三次浪潮》一书中指出，人类社会正在孕育三种文盲：文字文化文盲，计算机文化文盲和视觉文化文盲。这是因为在视觉文化的熏陶下，青少年以新技术为依据，发展个人能力，这不仅使个人理念转变，还改变了工作场地。相较于未能及时受这些教育冲击的人，表达能力欠缺，知识水平有限，在学习生活中的贡献也少；对他们来讲，学习尤为重要。

从事教育的学者越来越深刻地认识到帮助青少年发展视觉素养的重要性，因为这是青少年在他们的求学道路上的必修课。

艺术的学习，亦称"视觉艺术教育"。曾经，我们强调通过学校美术教育，提升学生的认识力、审美能力；如今，我们需要重新审视美术教育的目的、内容和方法。

20世纪以后，对视觉的关注点得到了转变，并在很多的领域得到一定的发展，虽关乎利益的问题，但是我们依然在向艺术致敬。1993年，大卫·白金汉首次提出"新文化"的概念。如今，它的定义仍然是开放的，不同群体的学者对它有着不同的定义。

学校美术教育有待发展和进步，需在现有的基础建设上，增强批判性视觉识读能力的目标，在文化的冲击下，精选有利于提高视觉识读能力的图像为教学内容。在大量的学习中，使学生学会怎样观察图像，并且成为一些映像的探索者，从客观意识转变为主观意识，从观赏者转变为对文化的探求者，从被动的了解转变为主动观察，从不同的角度来审视文化。

视觉素养中的"视觉写作能力"是指我们如何创建新的视觉信息及如何用新创建的视觉信息进行交流的能力。目前，正在发展的视觉写作能力追求的已不仅是运用各种材料和工具进行造型的能力，还涉及运用跨越美术学科的各种素养获得的综合写作能力。

美国教育家波依尔指出，基础学校应当包括语文、数学、艺术的语言。三者是彼此相关的，儿童通过语文探究数学概念；通过数学发现美术；通过美术丰富语文及数学上的表现力。所以，在基础学校里，语言是一以贯之的课程。在学校美术教育中，我们要运用视觉素养和言语素养的互动方式，即增设"手绘笔记"和"绘本创作"的单元课程。

手绘笔记即用手绘（或手绘加拼贴）的方式记录值得纪念或令自己感动的事物，再添加一些文字对图形进行说明。绘本原先主要用于家长给幼儿讲故事。近年来，在学校美术教育中逐步导入手绘笔记和绘本创作的单元课程。在创作手绘笔记和绘本的过程中，学生选择题材，提炼主题，自主编写故事，塑造形象；开展小组学习，讨论如何将绘画的表现方式与言语的表达方式统一在画面上；分工合作，进行书籍装帧。完成手绘笔记和绘本创作之后，召开作品发布会，进行交流与评价。

在学习手绘笔记的过程中，学生增加了对美术学习的热情，使他们的想象能力得到进一步的提升。

在大数据发展的趋势下，美术的教育被重视，并与一些新的技术相结合，使科学与艺术进行深层的了解和融合，通过这种融合对一些课程进行调整，更好地达到教学的目的，完成重大的历史改革。

学校美术所学习的内容是丰富多彩的，涉及的领域很广。近年来，新兴起的视觉散文（Visual Essays）被广泛运用，"视觉随笔"作为教学内容被我们所使用。关于散文的创作，可以概括为许多方面，如排列组合问题，将图片进行一系列的组合生成新的照片，再标上文字阐述，使文字与图画及信息技术相互联系，彼此融合，成为一体，让思想得到新的升华。这种表达方式进一步增强了我们的生活与现代美术的联系。关于艺术的课程学习，通过对文本进行排列，对图像进行整合，对主题进行查明，对技术进行更新，使美术工作者的作品以新的姿态呈现。

新媒体艺术的学习给予了我们许多探索新知的欲望，使我们不再单纯地想了解它，而是充分发挥自己的理解力，完美地掌握它，了解它与各大领域之间的关系，使艺术在原有的基础上得到进一步的升华，让知识与科学技术完美地结合。值得一提的是，现在的我们运用多种方式学习和了解，借助科学技术的伟大成果，让我们有足够的兴趣时间和能力去完成这一伟大的历史使命，并且坚持不懈地去完成自己的任务，使我们的相关素养得到提升。数字化的艺术的发展空间是广阔的，我们想在此领域遨游前行，就要采取相应的方法来应对其中的问题。空想是不可能完成任务的，只有用行动去实现。

"翻转课堂"始于2016年学生在家中或课外通过观看视频学习知识，从而节省更多的课堂时间，而师生可利用节省的时间进行面对面的讨论和作业辅导。

目前，"翻转课堂"的教育方法已取得很大的成就，美术教师们也开始加入到翻转课堂的教学实践中来。这是因为课堂教学时间有限，学生的美术水平不同，而教师是面向全班学生的，如绘制肖像画、焦点透视或水彩画的教学，难以教会所有学生。许多学生在进行美术创作时会遇到各种困难，如怎样描绘肖像的轮廓，怎样确定透视的焦点，如何表现出水彩颜料叠加的效果而不弄脏画面。对这类技法要求较高的课程导入翻转课堂的教学方法，教师就可以将绘制肖像画的方法、焦点透视画法或水彩画法细分为几个具体步骤，结合实时讲解，制作成PPT演示的视频，并上传至网络，让学生在家中或课外观看视频中教师的讲解。在课堂教学时，教师就可以针对每一名学生的美术水平与能力进行个性化辅导，帮助他们学会各种表现技法。

翻转课堂教学方法的优势在于学生可以按照自己的学习时间和习惯来安排美术学习进度，对技法上的难点可以通过反复观看视频加深了解和掌握，提高学习的自我管理意识；通过网络及时反馈，教师可以了解学生的美术学习困难，做更有针对性的辅导；增加了课堂上学生和教师的互动时间，有益于全体学生提高美术学习成绩，获得自信心和成就感。当然，"翻转课堂"只是一种教学方法，并不适合所有的美术单元课程与教学，我们应根据实际情况选用多种教学方法。概括而言，笔者将视觉文化背景下的学校美术教育改革归纳为两次浪潮。

20世纪90年代，视觉文化的兴起与形成，带动了学校美术教育改革的第一次浪潮；其特征为以培养青少年的视觉认知能力为核心目标，引进贴近青少年日常生活的青年次文化、大众文化等各种美术教育资源。

21世纪初，视觉文化的转型推动了学校美术教育改革的第二次浪潮；其特征为围绕培养青少年必备的视觉素养这一核心目标，注重批判性响应和创造性表达这两个相互联系的视觉世界体验过程。

综上所述，视觉素养在青少年的发展道路中发挥着至关重要的作用。美术教育带给他们跨越学科的学习能力、视觉适应能力、视觉表达能力及将这些能力迁移至各领域的能力。

在2014年7月7日至11日，澳大利亚墨尔本市成为第34届国际美术教育学会世界大会举办场地。以"通过美术的多样性"（DiversitythroughArt）为主题进行讨论，关键词是"变化，连续性、语境"（Change，Continuity，Context）。大会展示了在视觉文化转型时代，视觉艺术（美术）及其教育的多样性、当代艺术在整个亚洲的增长、整个太平洋地区传统文化和土著文化复兴的意识、新媒体艺术教学等重要议题，各国代表从本质上审议了古老的文化和新的实践对视觉艺术教育产生的影响，并积极迎接挑战。在这次大会上，我们与世界各国代表们分享视觉文化转型时代学校美术教育的经验，展望美术教育的发展前景，为进一步开展卓越的美术教育、培养青少年必备的视觉素养做出杰出贡献。

参考文献

[1] 丁清典.基于web2.0的互联网新模式研究[D].北京：北京邮电大学 2006.

[2] [美]莱斯特.视觉传播：形象载动信息[M].霍文利,史雪云,王海茹,译.北京：中国传媒大学出版社,2003.

[3] [美]鲁道夫阿恩海姆.艺术与视知觉[M].成都：四川人民出版社,1998.

[4] [日]原研哉.设计中的设计[M].朱锷,译.济南：山东人民出版社,2006.

[5] 赵莉,钱维多,崔敬.互动传播的思维[M].北京：中国轻工业出版社,2007.

[6] 麦奎尔.受众分析[M].北京：人民大学出版社,2006.

[7] 高利明.传播媒体和信息技术[M].北京：北京大学出版社,1998.

[8] 胡崧,于慧.新锐网页版式与风格设计案例指南[M].北京：中国青年出版社,2007.

[9] 马月.网站界面设计[M].北京：北京理工大学出版社,2006.

[10] 王受之.世界现代平面设计史[M].广州：新世纪出版社,1999.

[11] 邬烈炎.视觉传达设计视觉体验[M].南京：江苏美术出版社,2008.

[12] [英]达博纳（Dabner, D.）.英国版式设计教程[M].彭燕,译.上海：上海人民美术出版社,2005.

[13] 蒋杰.版式设计的新领域——互动版式设计[D].南京：南京艺术学院 2002.

[14] 王彦发.视觉传达设计原理[M].北京：高等教育出版社,2008.

[15] 师晟.视觉构造原理[M].上海：东华大学出版社,2006.

[16] 薛红艳.设计的视觉语言[M].北京：化学工业出版社,2006.

[17] 董焱.信息文化论——数字化生存状态的冷思考[M].北京：北京图书馆出版社,2003.

[18] [美]鲁道夫·阿恩海姆.视觉思维[M].腾守尧,译.成都：四川人民出版社,1998.

[19] 王令中.视觉艺术心理[M].北京：人民美术出版社,2005.

[20] 李砚祖，芦影. 平面设计艺术 [M]. 北京：中国人民大学出版社，2005.

[21] 马费成. 信息管理学基础 [M]. 武汉：武汉大学出版社，2002.

[22] [美] 诺曼. 情感化设计 [M]. 付秋芳，程进三，译. 北京：电子工业出版社，2005. 5.

[23] [美] 尼葛洛庞帝. 数字化生存 [M]. 胡泳，范海燕，译. 海口：海南出版社，1997.

[24] 尹定邦. 设计学概论 [M]. 长沙：湖南科学技术出版社，2003.

[25] 倪洋. 网页设计 [M]. 上海：上海人民美术出版社，2006.

[26] 邹慧琴，敖蕾，谭开界. 互动网页设计与易用度 [M]. 北京：中国轻工业出版社，2007.

[27] [美] 理查德·沃尔曼. 信息饥渴：信息选取、表达与透析 [M]. 李银胜，译. 北京：电子工业出版社，2001.

[28] 孙守迁. 设计信息学 [M]. 北京：机械工业出版社，2008.

[29] [日] 佐佐木刚土. 版式设计原理 [M]. 武湛，译. 北京：中国青年出版社，2007.

[30] 王汀. 版面构成 [M]. 广州：广东人民出版社，2000.

[31] 黄建平，吴莹. 版式设计基础 [M]. 上海：上海人民美术出版社，2007.

[32] 肖勇. 视觉设计经典 [M]. 武汉：华中科技大学出版社，2008.

[33] [美] 怀特. 平面设计原理 [M]. 黄文丽，文学武，译. 上海：上海人民美术出版社，2005.

[34] 海军. 视觉的诗学——平面设计的符号向度 [M]. 重庆：重庆大学出版社，2007.

[35] 庞蕾. 视觉传达设计视觉形态 [M]. 南京：江苏美术出版社，2008.

[36] 黄海燕. 网页界面视觉传达研究 [J]. 装饰，2004（8）：12.

[37] 吴娇娇，彭纲. 论网页的版式设计 [J]. 装饰，2004（9）：28-29.

[38] 蔡顺兴·论自由版式设计 [J]. 装饰，2000（6）：64-66.

[39] [美] 布托. 用户界面设计指南 [M]. 陈大炜，孙志超，译. 北京：机械工业出版社，2008.

[40] [韩] 崔美善. 设计师谈网页风格构成 [M]. 马晓阳，刘娟，译. 北京：电子工业出版社，2006.

[41] [美]海姆.和谐界面——交互设计基础（英文版）[M].李学庆，等译.北京：电子工业出版社,2007.

[42] [英]斯潘塞.现代版式设计先驱[M].王毅，译.上海：上海人民美术出版社,2006.

[43] [英]巴纳德.艺术设计与视觉文化[M].王升才，张爱东，卿上力，译.南京：江苏美术出版社,2006.

[44] [美]弗兰克.视觉艺术原理[M].陈蕾，俞钰，译.上海：上海人民美术出版社,2008.

[45] [英]安布罗斯，哈里斯.版式设计[M].詹凯，蔡峥嵘，译.北京：中国青年出版社,2008.

[46] [英]拉克什米·巴斯卡兰.大容量信息整合设计[M].何积惠，译.上海：上海人民美术出版社,2006.

[47] [美]麦金太尔.Web视觉设计[M].叶永彬，译.北京：机械工业出版社出.2008.

[48] Robert Jacobson. Information Design [M]. Massachusetts：The MIT Press 1999.

[49] [美]普里斯.交互设计——超越人机交互[M].刘晓军，张景，译.北京：电子工业出版社,2003.

[50] 董建明，傅利民.[美]沙尔文迪.人机交互：以用户为中心的设计和评估[M].北京：清华大学出版社,2003.

[51] [英]安布罗斯.LAYOUT版式设计[M].詹凯，张匡匡，译.北京：中国青年出版社,2006.

[52] 陈玲.新媒体艺术史纲：走向整合的旅程[M].北京：清华大学出版社,2007.

[53] [加]马歇尔·麦克卢汉.理解媒介——论人的延伸[M].何道宽，译.北京：商务印书馆.2001.